海水养殖设施
金属网箱的构造及其应用

（日）桑　守彦　著

陈昌平　黄桂峰　齐小宁　等　译

李玉成　审

海洋出版社

2019 年 · 北京

内容简介

本书以海水养殖用金属网箱为对象，从金属网衣的构成、网箱结构、网囊的结构与组装、网箱入水和系泊、金属网的腐蚀及原因、阴极保护、防污损对策等方面对金属网箱的构成及其应用进行了一系列相关论述。

本书从海水鱼类规模养殖出发，结合大量的试验数据及详尽的图表，并附有文献目录，内容丰富，结构清晰，可作为教学辅导与工程应用参考书，亦可作为养殖工程、海岸工程、海洋环境、海洋工程等专业领域技术人员、研究人员及在校师生进行研究的参考书。

图书在版编目（CIP）数据

海水养殖设施金属网箱的构造及其应用/（日）桑守彦著；陈昌平等译．—北京：海洋出版社，2019.7

ISBN 978-7-5210-0392-5

Ⅰ．①海… Ⅱ．①桑… ②陈… Ⅲ．①海水养殖-网箱养殖-金属网-构造 Ⅳ．①S967.3

中国版本图书馆 CIP 数据核字（2019）第 151800 号

版权合同登记号 图字：01-2019-7494

责任编辑：杨传霞 林峰竹
责任印制：赵麟苏

海洋出版社 出版发行

http://www.oceanpress.com.cn

北京市海淀区大慧寺路 8 号 邮编：100081
北京朝阳印刷厂有限责任公司印刷 新华书店发行所经销
2019 年 8 月第 1 版 2019 年 8 月北京第 1 次印刷
开本：787mm×1092mm 1/16 印张：11.5
字数：294 千字 定价：78.00 元
发行部：62147016 邮购部：68038093 总编室：62114335
海洋版图书印、装错误可随时退换

1 觅饵的幼鰤鱼群（宇和岛市遊子海面）

2 "海洋钻石"蓝鳍金枪鱼
跳跃的场景（南宇和海内海町）

3 养殖鱼类的代表：幼鰤鱼（*Seriola quinqueradiata*）

4 网箱养鱼的主要品种：真鲷（*Pagrus major*）

红鳍东方鲀 (*Takifugu rubripes*)

竹荚鱼 (*Trachurus japonicus*) 与
红鳍东方鲀的混养

黄带拟鲹 (*Caranx delicatissimus*) 与
竹荚鱼的混养

蓝鳍金枪鱼 (*Thunnus thynnus*)

5 养殖鱼类的游态

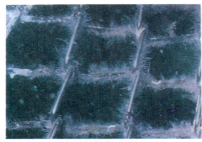

镀锌铁丝网
（因受鱼体蹭擦而被磨损的底网）

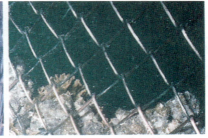

铜合金(90Cu–10Ni)金属网
（受鱼体蹭擦后的底框与侧网）

6　幼鰤网箱金属网的表面

条石鲷（*Oplegnathus fasciatus*）的游态

啄食底框附着生物的条石鲷

闯入网箱后靠捕食金属网附着生物
长成的斑石鲷（*O. punctatus*）

单一养殖条石鲷网箱的防污
状况及网箱的底框外侧状况

被条石鲷捕食后的藤壶（图中网箱为再次
利用，原为幼鰤网箱，具有阴极防腐功能）

7　条石鲷类的行为

2

《海水养殖设施金属网箱的构造及其应用》
翻译组成员名单

陈昌平　黄桂峰　齐小宁　王胜波　刘　琳　曲凤鸣

译者序

《海水养殖设施金属网箱的构造及其应用》是由日本水产增养殖技术研究员桑守彦编著，全书共 8 章，由成山堂书店株式会社于 2004 年日文出版。

本书以金属网箱为对象，将金属网箱养殖业涉及的水产、海洋学科领域与材料、化学等学科领域内容相结合，工程案例举证详实，叙述透彻，并附有大量必要的图表。本书的出版，将有助于我国海洋渔业、海洋工程领域的广大工程技术人员和研究人员了解与掌握金属网箱的背景、工程应用与发展趋势。在我国目前网箱养殖业向深远海推进的关键时期，本书中译本的出版将对我国海洋渔业及海洋工程领域的发展起到积极的推动作用。

参加本书翻译的有大连海洋大学黄桂峰（前言、第 1 章）、齐小宁（第 2.1~3.3 节）、曲凤鸣（第 3.4~5.5 节）、王胜波（第 5.6~7.3.2 节）、刘琳（第 7.3.3~8.5.2 节），牛雪莲负责第 5~8 章的校译工作，书中图片由詹劼负责整理。全书由陈昌平校稿，黄桂峰统稿，大连理工大学李玉成教授审核。

感谢大连天正实业有限公司对本书翻译工作的大力支持！感谢海洋出版社对本书出版工作的大力支持！

陈昌平

2019 年 7 月

作者序

金属网箱多用于鲕鱼、鲷鱼、金枪鱼等中高档鱼的放养，用以提高其附加值，因此金属网箱素有"浮动钱箱"之称，目前几乎成为日本海水养殖设施的代名词。

利用金属网箱养殖不仅能保护养殖鱼类不受鲨鱼或鲀科鱼类等敌害的破网入侵，承受台风或低气压通过时的海浪冲击，还能充分应对海面浮木类漂流物的冲撞，因此可安装在外海海域。由于金属网箱的网衣不易变形，几乎不受风浪影响，可进行集约化养殖。同时，金属网可供养殖鱼类蹭擦鱼体，去除其外部寄生虫。并且，与化纤网箱相比，金属网箱不易招致牡蛎和藤壶类附着生物，有利于养殖鱼类的成长。

由于金属网箱的主要材料是金属制品，其因腐蚀而破网的风险依然存在，故一直受到人们的关注，如何处理废弃金属丝网也已成为研究课题。近年来，随着金属网质量的提高和阴极保护技术的引进，金属网的使用寿命大幅延长，因而处理废弃金属网的作业减少，网箱材料费及配套施工费用也大幅下降，同时还避免了因频繁换网对鱼体造成的损伤，提高了养殖鱼类的产量。对于如鲷鱼或金枪鱼等需要长期养殖的鱼类，实现了同一网箱从幼鱼到成鱼的一站式养殖。作为解决金属网上附着生物的对策，天敌鱼类混养饲育法得到引入，金属网箱特有的坚固性也使得养殖范围由内湾扩大到外海海域，可以说拥有这些优点的金属网箱，对海水养鱼产业的技术革新做出了巨大贡献。

然而，尽管金属网箱被广泛使用，但关于它的技术资料却依然稀少，其原因在于：为适应网箱构成材料、使用条件和使用环境的要求，金属网箱的相关研究涉及两个完全不同的领域——水产学领域（涉及养殖学、海洋环境学、海洋生物学等）和工程学领域（涉及金属材料学、腐蚀-防腐学、电化学等）。笔者作为水产增养殖技术研究员，曾在金属防腐业界工作过，深感今后将金属网箱作为养鱼设施时，收集基础资料的必要性，认识到金属网箱不仅是金属制品的海水养鱼设施，而且还是防腐对象之一，因此收集了关于金属网衣及网箱材料在海水养鱼环境下的腐蚀机理及其成因、应用网箱养殖时金属网的防腐技术及如何应对附着生物等方面的资料。

时至今日，在海水养殖业，技术进步随处可见，养殖鱼类及养殖环境多样化、给饵效率高效化、养鱼设施大型化、新材质金属网不断涌现。在此背景下，金属网箱作为养鱼设施的代表发挥了重要作用，可以预见在国内外规模日益扩大的金枪鱼类及其他鱼类的养殖中，金属网箱的使用范围必将进一步扩大。本书就以上内容做了简略概述。

在本书写作过程中，收集研究资料时得到了东京大学名誉教授平野裕次郎博士及二村义八朗博士的指导及建言，收集技术资料时还得到了以下诸位的帮助：高村纪一先生（福宝水产株式会社社长）、玉留克典先生（DAINICHI 株式会社会长）、萩野行敏先生（幸洋株式会社会社长）和日吉真先生（沼津市西浦木负日吉水产），在此一并表示深切的谢意！

桑　守彦

2004 年 6 月

目　录

第1章 金属网箱的出现及海水养殖设施的现状

1.1 养鱼设施的变迁及采用金属网的缘由

虽然金属丝网首次被用作养鱼设施的确切时间尚不清楚，但自1888年起，日本北海道千岁市鲑鱼-鳟鱼孵化场就开始使用金属丝网，当时金属丝网被用在该孵化场阿特金斯孵化器的孵化盆里[1]。另外，如图1.1所示，自明治时代中叶（约1889年）起就出现了防止逃鱼及过滤垃圾的金属拦网，今天这种金属拦网仍在使用，一般是安装在淡水养鱼池注水口和排水口的位置[2,3]，其在当时不仅被应用于淡水养鱼池，而且还被应用于海水养鱼池[4-6]。在昭和初期（约1927年）的文献中，有记载显示：金属拦网是十字形方格状的金属丝网[7]。另据日本金属丝网的生产史[8]可推断：自19世纪中叶开始，金属丝编织网已经作为日本养鱼设施材料之一而被使用。

在金属丝网被应用于养鱼设施的过程中，先后出现了金属丝网结构的珍珠养殖笼[9]、龙虾蓄养笼[10]、对虾放养池围网[11]、章鱼养殖笼[12-14]和现代笼式渔具[15-18]等各种养鱼设施。其中金属丝网结构的珍珠养殖笼是由藤田昌世开发的[19]，它是六角形的铁丝网，为了防止海水腐蚀及附着生物，其箱状的笼体上被涂上了煤焦油[20]，这种养殖笼在20世纪70年代之前非常常见（图1.2）。另外，有记录显示：1962年在鹿儿岛县黑崎町长崎鼻建成的幼狮养殖场的拦网中也采用了涂上煤焦油的金属丝网[21]。据此推测，珍珠养殖笼的使用经验在金属丝网应用于海水养殖设施的过程中，发挥了重要作用。一般认为现在网箱养殖中被普遍使用的菱形金属丝网，早在日本大正初期（1912年）就已被正式生产[8]，此前的养鱼设施多为金属丝编织网和六角形铁丝网。

图1.1 淡水养鱼池的金属拦网

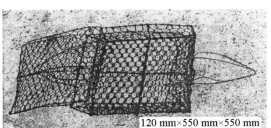

120 mm×550 mm×550 mm

图1.2 六角形金属网珍珠养殖笼

海水养鱼设施的出现顺序是：海水池（贮水池）、筑堤式、围网式、网箱式（小割式）。除此之外，还出现了近岸流水循环式的比目鱼养殖设施[22-24]。图1.3为海水养鱼设施的分类示意图[25]，表1.1为海水养鱼设施一览表。

1

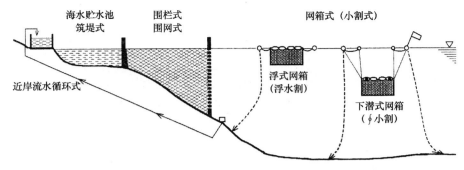

图 1.3　海水养鱼设施的种类

表 1.1　海水养鱼设施一览表

大分类	中分类	小分类	备注
筑堤式	海湾型 海峡型		在近海海面筑堤，用堤坝封闭，水体交换通过水闸进行。 例：安户池
围网式	支桩式 （固定式）	沿岸围网式 岛间围网式 湾口围网式	在海面打上钢管类栏桩，桩间用网衣拦截，水体交换通过网目进行
		全围网式	不借助海岸线，在海上打桩，养鱼水体被渔网围住
	悬浮式 （浮动式）	垂直式 拱桥式	海面布设成片的用绳索连接的大型浮子，网衣垂于浮子之下
网箱式 （小割式）	浮式网箱 （浮小割）	浮架式	由浮架、浮子、网箱组合而成
		浮连式	网箱垂于绳索和浮子之下（浮子式）
		浮体式	网箱垂于浮架与浮子组成的合体筏之下
	下潜式网箱 （∮小割）	浅海式 深海式	网箱带有盖网，全部沉入水下，用于抗强风浪或真鲷体色的调整等
陆地流水式	近海设施 内陆设施	流水式 循环式	用于比目鱼及对虾的养殖、种苗生产、活鱼蓄养

关于筑堤式养鱼设施的使用历史，早在 1889 年（明治 22 年）冈山县邑久町间口养殖场蓄养红鳍东方鲀（日本虎河豚）和黑鲷时就已出现，其后到昭和时代初期（1926 年），同样在该养殖场，内田七五三藏使用筑堤式蓄养红鳍东方鲀取得了成功[26]。自 1928 年起（昭和 3 年），野纲佐吉与其子野纲和三郎在香川县安户池养殖场进行养殖时，采用的也是筑堤式[27,28]养鱼设施。该养殖场被认为是日本海水幼鰤养殖的发源地。筑堤式养鱼池是指在近海岸边修建堤坝，用堤坝围住部分海面，同时安装水闸，通过水闸进行水体交换的海水养鱼设施。利用筑堤式进行养鱼的实例还有：1930—1931 年，香川县水产试验场利用高松城护城河开展的筑堤式幼鰤养殖试验[29]；第二次世界大战前，香川县内南岛町喜平岛和扬岛建造了仅次于安户池的筑堤式养鱼场。安户池为海湾型筑堤式（堤坝长 300 m × 平均水深 6.5 m），喜平岛（堤坝长 250 m × 平均水深 4.0 m）和扬岛（堤坝长 297 m × 平均水深 6.5 m）均为海峡型筑堤式养鱼场。这些养鱼场的水闸均使用了圆形钢条的鱼类防逃栅和金属

2

丝网[30-32]。

围网式养鱼场将金属丝网作为主要设施导入海水养殖，这种养鱼场的结构是：先在水底打下毛竹、钢筋混凝土或钢管桩，围成养鱼场的外廓，这些桩作为支柱支撑金属网衣。围网式养鱼场有全围网式、湾口围网式、岛间围网式和沿岸围网式等不同类型[33,34]。

金属网围网式养鱼场最初是作为蓄养红鳍东方鲀的设施而被建造的，网衣采用金属网的理由是为了防止被红鳍东方鲀锋利的牙齿咬破。1955 年，在山口县田布施町的防洪池——马岛大浦池，使用网目为 22 mm 的金属网，建造了表面积为 4 m×20 m 的 4 面围网式实验池[35,36]，这被认为是金属丝网首次应用于围网式养鱼设施，根据其网目的大小来推测，该金属丝网应为六角形网。

自 1957 年开始，以冈山县日生町鹿久井岛红鳍东方鲀蓄养场为主，各种金属网围网式蓄养场逐渐采用了菱形镀锌铁丝网或菱形塑料包覆铁丝网[28]。

首个以幼鲕养殖为主的围网式养鱼场是 1958 年在淡路岛福良湾建成的福良咸水养鱼场。但是该养鱼场的拦网在湾口水面部分采用了化纤网，仅海岸沙堤/沙坝 220 m 为围桩支撑的金属丝网[36]。其后，同样在淡路岛，位于洲本市由良的淡路养鱼由良养鱼场采用了围网式养鱼设施，该养鱼场将直径 35 cm、管壁厚 10 mm、长 25 m 的钢管打入平均水深 12 m 的养殖区，桩入土深度为 10 m，一共打了两列，每根桩前后间隔 15 m，左右间隔 5 m，养殖区外侧采用金属网，内侧采用化纤网。并且由于该养鱼场打入的钢管桩是半永久性设施，当时据此还派生出了一个新词语——"水产土木"[37]。此外，香川县女木岛的鬼岛养鱼场属于大型沿岸式围网式养鱼场，该养鱼场在离岸 350 m 处打下半圆形钢筋混凝土桩，桩间围上金属网，它的有效面积达 12×10^4 m^2。之所以围成半圆形，是因为要通过金属网分散养鱼场外的海浪冲击力。另外，在该养鱼场内不仅放养了幼鲕，而且还设置浮式网箱开展了幼鲕的饵料试验和鲷鱼的体色调整试验[38]。当时这些浮式网箱的结构是：木质浮架由粗大方材连接而成，呈正方形或八边形，其下方悬挂着网箱，其上方是由细小方材构成的鱼类防逃网[39,40]，一般认为这种浮式网箱是由目前还在使用的沙丁鱼类蓄养网箱（图 1.4）转化而来[41]，养殖的沙丁鱼一般用作垂钓鲣鱼的饵料。由此可确认，这种在水面上用绳索连接浮子、组成正方形或长方形的、渔网下垂的浮式网箱在当时已被使用[30,40]。虽然这些浮子式围网和大型网箱设施的开发年份尚不明确，但一般认为是由兵库县家岛町小林松右卫门首创发明的[33]。此外，20 世纪 60 年代初期在香川县，用作章鱼养殖的浮潜式金属网箱也被用于鲀鱼类和黑鲷的养殖设施[42]。

20 世纪 60 年代，围网式养鱼场在濑户内海至九州和山阴地区的海水养殖场得到普及，1964 年即便是在半咸水区域的滨名湖松见浦也建造了该类型的养鱼场[43]。图 1.5 是 1967 年在香川县坂出市王越建成的养殖面积达 115 000 m^2 的沿岸金属网围网式养鱼场，1976—1977 年冬季，该养殖场在幼鲕养殖结束后，还进行了银鲑的养殖试验。另外，在坂出的支桩式金属网围网式养鱼场出现的数年前，悬浮式金属网围网式养鱼场在冈山县柜石岛已被建成[44]。

近年来，随着网箱养殖技术的普及，筑堤式和围网式养鱼场急剧减少，至 2001 年，作为鲕鱼类和真鲷类养殖设施的筑堤式仅剩 1 口（设施面积 36×10^3 m^2），围网式仅剩 6 口（153×10^3 m^2）[45]。但由日本栽培渔业协会于 1994 年在奄美大岛建成的围网式蓝鳍金枪鱼养殖场一直在使用，该养殖场位于奄美大岛加昌麻岛仲田浦，建造时采用了世界首创的吊桥施工法，用悬索吊桥方式和钢丝悬垂方式建成。该养殖场围网有湾里和湾口两处，湾里侧宽度为 290 m，湾口侧为 235 m，两处围栏间距为 465 m，围网面积 139 500 m^2，最大水深为 35 m。湾口侧的围网被设计为双层网衣，以防止网外鲨鱼的侵入及网内蓝鳍金枪鱼的破网外逃。该养鱼场为了培育优质蓝鳍金枪鱼亲鱼及良种鱼卵，采用了这种大规模的围网式养殖设施，以尽可能构建蓝鳍金枪鱼的自然生长环境[46]。

图 1.4　用于鲣鱼钓饵的沙丁鱼蓄养网箱
（静冈县西伊豆町田子渔业协会）

图 1.5　海岸突出围栏式金属网养鱼场
（香川县坂出市王越）

1.2　浮式网箱（浮小割）的出现及金属网箱的演化

表 1.2 记录的是金属网应用于海水养鱼设施的历史年表及相关大事记。海水养鱼设施的网箱之所以被称为"小割式"，是因为正如"小割"的字面含义一样，它是作为"分割"筑堤式或围网式养鱼设施而出现的，即在筑堤式或围网式养鱼场，使用网箱饲育幼鱼长大后再将其放养。例如，在筑堤式养鱼场，幼鱼个体成长为无法从筑堤式防逃栅逃脱的尺寸大小后，再被放养在养鱼池内，不同生长期的幼鱼需要分别放养在不同的池子，另外为了防止幼鱼之间的同类相残，海面需要被分割成不同的区域[47]，这时"小割式"网箱就出现了。后来这种方式演变成浮式网箱，这种网箱就被称为"浮小割"，其后出现的作为海水养鱼设施的浮式网箱或下潜式网箱，都被统称为"小割"或"小割式"。另外，虽然据信安户池养鱼场在 1928 年开业时就已采用小割式（网箱式）[47]，但"浮式网箱"真正应用于围网式养鱼场的幼鱼培育是在 1963 年之后[38]。在日本海沿岸，应用网箱进行养鱼的记录有：1933 年（昭和 8 年），宫本千秋在山口县大津郡隅村附近海域用竹桩和袋网组成的网箱进行了鰤鱼幼鱼的蓄养[48]；翌年（昭和 9 年），福井县水产试验场在三方郡西田村常神湾口，用 25×35 的网箱开展了蓄养夏季鰤鱼的试验。这些都是在日本网箱式养鱼的历史上值得记录的实例[49]。

表 1.2　金属网应用于养鱼设施的历史

年代	金属网应用的经过、养殖历史、相关事项
1888（明治 21 年）	千岁县鲑鱼-鳟鱼孵化场的孵卵器采用了金属网
	此时淡水养鱼池的注水口和排水口也采用了金属拦网
1889（明治 22 年）	冈山县邑久郡邑久町间口开始鲻鱼和黑鲷的筑堤式蓄养
（大正初期）	日本开始生产菱形金属丝网
1926（昭和 1 年）	内田七五三藏蓄养红鳍东方鲀获得成功
1928（昭和 3 年）	野纲佐吉及其子野纲和三郎在香川县安户池开始海水鱼类的养殖*
1930—1931	香川县水产试验场在高松城护城河开展幼鰤养殖试验
1933	宫本千秋在山口县内利用竹桩和网袋构成的网箱蓄养鰤鱼幼鱼
1939	野纲和三郎提倡"渔业应从捕捞型转向生产型"*

4

年代	金属网应用的经过、养殖历史、相关事项
1951	在宫崎市稻荷山贮水池开展金属网箱的鲤鱼养殖试验
1954	近畿大学白滨临海研究所开展网箱式幼鰤养殖试验
1955—1956	山口县田布施町在金属网围成的实验池开展红鳍东方鲀的蓄养试验
1957	在冈山县内设立红鳍东方鲀的金属网围网式蓄养场
	在淡路岛福良湾出现部分金属网围网式的幼鰤养殖场
	三重县尾鹫水产试验场开发出适用于养殖业的网箱式化纤网网箱
1959	香川县志鹿町出现支桩式金属网围网式幼鰤养殖场
1961	在三重县鸟羽市卡乌矶村的海湾开始将金属网箱用于幼鰤养殖
1962	为应对台风，鹿儿岛湾垂水，开始将金属网箱引入幼鰤养殖
1968	因珍珠生产过剩，珍珠养殖业开始转型为海水养殖业
1969	长崎县水产试验场开始饲育蓝鳍金枪鱼
	鹿儿岛县东町开始利用金属网箱养殖真鲷
1972	近畿大学浦神实验场开始利用金属网箱进行蓝鳍金枪鱼的养殖试验
1974	近畿大学串本实验场在世界范围内首次成功实现金属网箱内人工饲养蓝鳍金枪鱼产卵及孵化
1976	小川养和完成外海金属网箱的制作，且取得外海养殖鰤鱼的成功
1994	网箱式占据海水养殖的绝大部分，网箱式养殖总产量创出新纪录 271 351 t
1995	鰤鱼类养殖产量达到历史最高纪录 169 765 t
	海水养鱼统计数据中，银鲑 13 524 t，比目鱼 6 819 t，创出新纪录
2000	挪威鲑鱼-鳟鱼类养殖产量创出新纪录，约 50×10^4 t
2001	宇和海利用金属网箱开始深海养殖真鲷
2002	位于和歌山县串本町的近畿大学水产研究所大岛实验场取得人工完整养殖蓝鳍金枪鱼的成功

* 据野纲和三郎的著述。1927 年（昭和 2 年）9 月，安户池区域内的渔业权被下放，翌年（昭和 3 年），野纲佐吉及其子野纲和三郎开始着手海水鱼类的养殖。

浮式网箱应用于淡水养鱼方面，1951 年宫崎县淡水渔业指导所在宫崎市恒久字今出的稻荷山贮水池，首次实施了日本下垂式金属网箱的养鲤试验[50,51]，该试验由宫崎县淡水渔业指导所的森茂喜、米山秀一和今村清作 3 人负责。网箱构成如下：网箱形状为边长 3 m、深 1.5 m 的方形；由于时值战后物资匮乏，网衣所用材料一般；网目为 8 节；金属网采用线号 12 的规格，涂有煤焦油[52]。其后，金属网箱在淡水养殖中的应用，除了为应对结冰期破网而在诹访湖开展的鲤鱼网箱养殖试验之外，仅有少量应用例子[53,54]，但在国外一直被使用，如美国俄克拉荷马州和阿拉巴马州大约自 1969 年开始，金属网箱一直被用于斑点叉尾鮰（*Ictalurus punctatus*）的养殖[55]。

作为现在海水养鱼设施主流的浮式网箱（Floating cage）的原型是近畿大学白滨实验场 1954 年用作幼鰤养殖实验的设施[56,57]。该设施的网箱形状为四方形，浮子用浮桶或空瓶充当，与木浮架固定在一起，下方是网衣，网衣材质为聚氯乙烯类的化纤网[58]。通过该实验结果证实：浮式网箱养鱼池与以前的养鱼池相比，水体交换更好，幼鰤的产量更高[56]。

此后，由于浮式网箱具有规模小、费用低廉及易于管理等优点，1958 年三重县尾鹫水产试验场开发出了面向幼鰤养殖业的浮式网箱[59]，这种网箱是由原来用作养殖珍珠的浮子

5

和木框浮架构成，呈四方形或八边形，采用化纤网网衣[60,61]。其后不久，这种浮式网箱在三重县以外的海水养鱼场迅速得到普及，当时人们总结出这种网箱养殖具备如下优点[62]：

（1）设施所需费用低廉；

（2）单位面积内的容鱼量及收获量显著提高；

（3）养殖鱼类的起捕作业更简单；

（4）在狭小海面可进行小规模养殖；

（5）与筑堤式、围网式养殖相比，可在深水区养殖；

（6）当养鱼场水域环境恶劣时，可轻松转移或沉入水下。

在网箱式养殖得到普及的同时，使用金属网衣的浮式网箱在三重县也首次出现，这就是石川信太郎所使用的方形网箱。1961年8月，石川信太郎在鸟羽市卡乌矶村的海湾水面，使用竹制浮架和纵2 m×横2 m×深1 m的网箱进行了幼鰤养殖。另外，在网箱式养殖的推广及网箱的制作过程中，鸟羽市水产科的市丸阳太郎功不可没，当时他为了节约网箱费用，将存放在该养鱼场仓库内的、已有一半生锈的、原本用于围网的网目为10 mm的六角形网重新涂上煤焦油，制作成了网箱网衣[63]。其后，根据这次的使用经验，1964年在三重县二木岛甫母附近海域，使用了六角形金属材质的方形网箱（4 m×4 m×5 m），该地（二木岛甫母）由于海流速度快，网衣经常被冲变形，所以无法使用化纤网网箱，使用金属网衣后，与化纤网相比，幼鰤生长更加良好，网衣的附着生物更容易清理。但是，由于网衣未充分涂抹煤焦油，未涂部分遭到腐蚀，发生过破网逃鱼的情况，之后金属网衣的使用被中止[62]。

1962年，即鸟羽市采用金属网箱后的第二年，在香川县直岛出现了该县首个网箱式养殖设施[28]。当时，香川县高松市濑户内金属网商工株式会社基于化纤网箱的优点及金属网衣在围网式养鱼场的使用经验，设计出了以"setolon"为名称的金属网箱，且大做宣传[64]。但是，它的实用化却不是在香川县，而是在鹿儿岛县完成的。1962年，鹿儿岛湾垂水市的川端源之丞与鹿儿岛县水产试验场的九万田一已、畠山国雄等人一起，在鹿儿岛湾海泄附近海域使用金属网箱进行幼鰤养殖试验，这被认为是金属网箱实用化的开始[65]。

在实用性方面，可以说这种网箱是金属网箱的始祖，其结构如图1.6所示，为纵4 m×横4 m×深4 m的方形网箱，骨架由毛竹制成，同时也起着浮子的作用，金属网丝采用线号16#×网目26 mm的镀锌铁丝，网片形状为六角形，网箱侧面和底部均覆有金属网衣，箱体上面是化纤材质的盖网，底框四角由袋装碎石的沉子固定，系泊方式采用被称为"摇摆式"的结构：绑扎着毛竹的系泊浮子通过绳子与网箱连接，网箱以系泊装置为中心，随海浪或风向浮动，与鹿儿岛湾蓄养用于鲣鱼钓饵的日本鳀所用网箱的系泊方式相同[66]。

该试验采用这种装置的主要原因是：当台风来袭时，网箱可快速简便地转移到樱岛周边熔岩地带海湾避难，同时与化纤网箱相比，具有更高的牢固性。实际上，该试验所采用的网箱即是今天广为普及的金属网箱的开端，因此，可以说它拉开了金属网箱海水养殖时代的大幕。

在试验期间，虽然当时并没有遇到强台风，其抗风浪的效果也未得到充分确认，但一次破网也没有发生，也未发现鱼体有寄生虫出现，养殖鱼类的生长状况非常好，并且在模拟台风来袭的转移试验中，网箱网衣不易变形，对鱼体无任何损伤。因此，基于这样的试验结果，在试验的翌年（1963年），垂水市海泄的15家养殖场中，有11家自7月后全部采用了金属网箱[网箱形状：方形4 m×4 m×4 m，网片规格：（14~18）m×25 m]进行养殖[65]。

其后根据鹿儿岛县水产试验场的调查，采用化纤网的浮式网箱，因台风、鲀科鱼类的破

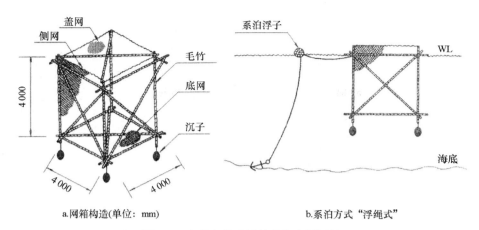

图 1.6　鹿儿岛湾采用的早期金属网箱

坏而造成破网逃鱼等情况非常突出，也容易招致寄生虫带来的鱼病，影响了养殖鱼类的产量，这也从反面验证了金属网箱具有如下优点[66]：

（1）网衣体积变形小，水体交换充分；

（2）网衣不易招致硅藻类等附着生物；

（3）当遇上强台风或季风时，可轻松转移到安全区域；

（4）幼鰤不易寄生鳃虫（*Axine heterocera*）和本尼登虫（*Benedenia serolae*）等外部寄生虫。

表 1.3 为采用金属网箱进行试验养殖时，对鱼体外部寄生虫的调查结果：塑料包覆的金属网线内部的腐蚀情况不易发现，而且与镀锌铁丝网衣相比，附着生物过多[67]。据此表信息也可以推断出：鹿儿岛湾地区全部采用具有今日金属网箱结构——即钢管浮架下附带金属网衣的时间是 1970 年[68]。

表 1.3　不同网箱养殖幼鰤时本尼登虫出现的数量及比例[66]

寄生虫的大小（mm）	1968 年 7 月 19 日		1968 年 8 月 20 日		1969 年 2 月 29 日	
	金属网箱	化纤网箱	金属网箱	化纤网箱	金属网箱	化纤网箱
~1.0	62（26.8）	13（5.4）	8（30.8）	20（19.2）	0	0
1.1~2.0	146（63.2）	143（59.1）	11（42.4）	42（40.2）	0	14（12.7）
2.1~3.0	20（8.7）	72（29.8）	3（11.6）	7（6.7）	0	27（24.6）
3.1~4.0	1（0.4）	5（2.1）	1（3.8）	12（11.6）	0	15（13.6）
4.1~5.0	0	4（1.6）	1（3.8）	14（13.5）	0	9（8.2）
5.1~6.0	0	3（1.2）	2（7.6）	7（6.7）	0	6（5.5）
6.1~7.0	2（0.9）	2（0.8）		2（1.9）	0	15（13.6）
7.1~8.0						11（10.0）
8.1~9.0						7（6.3）
9.1~10.0						6（5.5）
合　计	231（100）	242（100）	26（100）	104（100）	0	110（100）
平均鱼体重量（g）	230	230	450	450	1 500	1 500

注：据对各网箱 10 尾幼鰤的调查结果，括号内为出现比例（%）。

1.3　海水养鱼设施的现状

图 1.7 显示的是日本 1965 年后用于鲕鱼类和真鲷养殖设施数量的变化，同时也显示了 2001 年各养殖设施数量及其面积的变化。目前的养鱼设施中，筑堤式和围网式非常少，网箱式占据主流地位，可以说它是今天海水养鱼设施的代表。各县网箱形状各异，2001 年用于鲕鱼类和真鲷养殖的网箱数量达到了 25 985 个[45]，采用网箱式设施的总面积达到了 3 486 ×10³ m²，若将其换算成纵 10 m × 横 10 m，附属面积 100 m²/口规格的方形网箱的话，则达到了 34 860 个。另外，虽然其他鱼类（除鲕鱼类和真鲷之外）养殖设施的公开数量尚不清楚，但若按照 2001 年鲕鱼类和真鲷养殖产量占全部海水鱼类养殖总产量的比率，将网箱式网箱占总养殖设施的面积换算成 100 m²/口规格方形网箱的话，则网箱式养殖设施的数量达到了约 40 000 个。

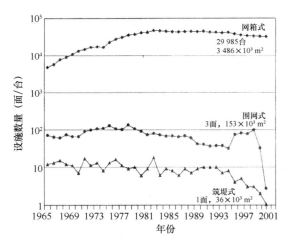

图 1.7　鲕鱼类与真鲷养殖设施数量的变迁
（据 1965—2002 年渔业养殖业生产统计年报）

"小割式"这个称呼来源于西日本地区用于海水养殖的"网箱（Net cage）"，后来作为"网箱"的代名词一直被沿用下来。但是，在大型浮子式网箱和圆周 300 m 以上的大型圆形网箱不断出现的今天，再用"小割式"称呼这些大型设施是否合适，尚有争议。海水养殖小割式网箱大体分为浮架式、浮连式和浮体式三类[46]。浮架式是最常用的网箱，浮架由浮子和框架组成，网箱垂于浮架之下。浮架式还包括沉子式网箱。方形和圆形的金属网箱为浮式网箱的代表（图 1.8 和图 1.9）。

图 1.8　方形网箱（宇和岛市遊子海面）

图 1.9　圆形网箱（地点同上）

浮连式又被称为"浮子式"或"定置式"，其结构为：在海面上浮子被绳索连成连续的四方形或椭圆形，网箱带有盖网，垂于浮子下方（图 1.10）。虽然该类设施并无采用金属网箱的实际使用记录，但随后出现的一种椭圆形的无盖网的金枪鱼养殖设施采用了金属材质，其上方盖网的位置采用了金属防逃栅[69]，而且最近还出现了如图 1.11 所示的综合了"浮架式"和"浮连式"设施优点的、被称为"浮连框架式"的大规模养殖设施，该设施结构为：浮子与钢管框架固定在一起构成长 10 m 左右的浮体（即方形网箱的筏体），浮体与浮体之间通过绳子连接成四方形，网箱位于浮体之下。

图 1.10　浮连式网箱养鱼场（宫崎县北浦海面）

图 1.11　浮连框架式养鱼设施
（高知县柏岛蓝鳍金枪鱼养殖场，左侧为网箱内部）

　　浮体式是指网箱垂挂于由浮体和浮架构成的复合浮体之下的浮式网箱。它分为硬质浮体式和软质浮体式。硬质浮体式网箱使用四边形或圆形的箱型浮体，浮体上方装有钢管框架，网箱垂挂于钢管框架之下。箱型浮体材质为FRP 或钢材。图 1.12 为方形浮体式网箱，该网箱多用作活鱼蓄养或垂钓设施。有时也能看到浮体上方钢材呈 H 形安装的圆形网箱[70]。

　　软质浮体式网箱的浮体框架是由高强度合成橡胶或高密度聚乙烯（氯纶）等柔性结

图 1.12　箱型浮体式网箱（西伊豆町田子）

构的材质构成，网箱固定并垂挂于浮体框架之下。目前，这种网箱在澳大利亚和西班牙主要作为金枪鱼类[71,72]、地中海金头鲷（*Spanus aurata*）和鲈鱼（*Dicentrarchus iabrax*）的养殖设施[73,74]，在挪威和智利，主要用于银鲑（*Oncorhynchus kisuitch*）和安大略鲑（*Salmo salar*）的养殖设施[75,76]，近年来，也被日本引入，作为蓝鳍金枪鱼和幼鲕鱼的养殖设施（图 1.13）。

　　软质浮体式有方形、圆形及椭圆形的网箱，最近还出现了浮体支撑框架管最大管径为 φ200～315 mm，最大直径为 φ40～50 m 的大型圆形网箱[77-79]。浮体支撑框架是带有适度弯曲的柔性结构，它有利于分散设施的应力。另外，由于浮体支撑框架还含有碳元素，几乎不会发生因日光紫外线照射引起的老化现象。网箱网衣以前一直采用氯纶（聚乙烯）、锦纶（尼龙）和涤纶类的化纤网[72]，但目前在浮体支撑框架柔性的基础上，也开发出了防污强、成网好的刚性金属网衣[80]。图 1.14 列出了日本有关海水养鱼设施所使用的具体材料材质[81]。

　　除了以上养鱼设施之外，还出现了其他类型的养鱼设施，如 1969 年起在苏格兰用作虹鳟鱼（*Salmo gairdneri*）海水养殖的[82]钢质多孔金属网衣的六角形网箱，以及 1977 年起在美国缅因州用作银鲑和虹鳟养殖的白铜多孔金属网衣的箱型网箱等[83]。

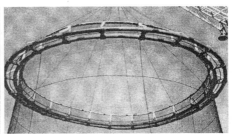

a.椭圆形网箱的组装　　　　　　b.圆形网箱的下水

c.直径φ30 m网箱的安装(境港海面)

图 1.13　浮体式高密度聚乙烯网箱

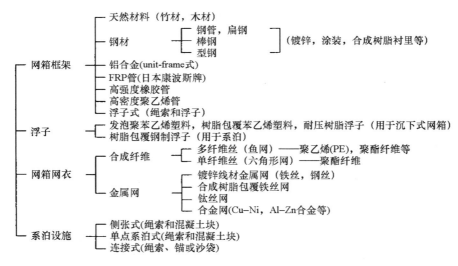

图 1.14　网箱养殖设施的构成材料

1.4 养殖鱼类与金属网箱的使用现状

金属网箱自 20 世纪 70 年代后就像雨后春笋般，由鹿儿岛湾迅速普及到以鰤鱼养殖为主的地区，至 2004 年 3 月，已普及到从奄美大岛到房总半岛的太平洋沿岸地区，以及包括甑岛、五岛列岛和对马岛等离岛在内的七尾湾的日本海沿岸地区。同时，金属网箱还被用作养殖试验，如小笠原的真鲷、黄带拟鲹放养前的防鲨害试验[84]，以及自 1982 年后，秋田县男鹿海的比目鱼养殖试验[85]等。网箱形状有六角形和八角形，四角形（又称方形）和圆形网箱是标准的常见形状。

金属网箱在使用过程中曾多次发生过破网事故。特别是 1971—1972 年，三重县采用金属网箱养殖幼鰤的规模呈爆发性增长，部分养殖场由于选择了不适合自己养殖场环境的框架或网衣，再加之腐蚀、风浪等原因，导致了框架损坏、破网逃鱼事故频发。因此，该县境内一度被认为不适合采用金属网箱养殖，甚至有段时间退回到使用化纤网箱的地步[86]。但是，三重县境内的这些失败，为后来其他各地的技术改进，特别是对金属网箱结构和组装方法的改进提供了宝贵经验，结果到了 1976 年，三重县境内又开始恢复了金属网箱的使用。

图 1.15 显示的是 1953—2001 年主要海水养殖鱼类产量的变化，图 1.16 显示的是 2002 年不同鱼类养殖机构的数量及其产量的比例变化[87]。从两图的结果可知，幼鰤占绝大多数的鰤鱼产量在 1995 年达到约 $17×10^4$ t 的顶峰后，随着养殖鱼类多样化的发展，稍微呈现出减少的倾向。但 2002 年"鰤鱼类"产量约为 $16×10^4$ t，占全部养殖鱼类产量的 61%，依然

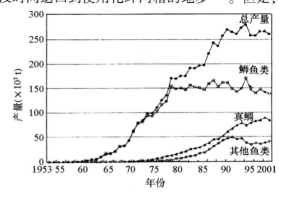

图 1.15 海水养殖鱼类产量的变化
（据 1958—2002 年渔业养殖业生产统计年报）

占据着海水养殖鱼类第一的位置。"其他鱼类"养殖机构的占比为 29%，约与"真鲷"的比例相当，产量占比为 7%。"其他鱼类"的产量顺序为：鲀科鱼类、黄带拟鲹、竹荚鱼[45]。

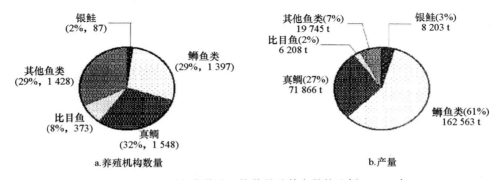

a.养殖机构数量

b.产量

图 1.16 不同鱼类养殖机构数量及其产量的比例（2002 年）
（据日本第 78 次农林水产省统计表）

表 1.4 汇总了目前在日本蓄养殖的所有海水鱼类。表中不仅包含了从幼鱼开始养殖的鲕鱼和鲷鱼类，而且还包含了供垂钓和蓄养于定置网中的鱼类，从中可以看出近年来活鱼养殖的热潮，白腹鲭和斑点莎瑙鱼等稀有鱼类也包含在内，体现了养殖品种的多样化。

表 1.4　主要海水养殖鱼类

名称	英文名	学名*
1. 鲕鱼类		
鲕鱼（幼鲕）	Yellow tail	*Seriola quinqueradiata*
杜氏鲕	Purplish amberjack	*S. dumerili*
黄条鲕	Goldstriped amberjack	*S. aureovittata*
2. 真鲷	Red sea bream	*Pagrus major*
3. 竹荚鱼	Japanese horse mackerel	*Trachurus japonicus*
4. 黄带拟鲹	Striped jack	*Caranx delicatissimus*
5. 比目鱼	Flat fish	*Paralichthys olivaceus*
6. 红鳍东方鲀	Tiger puffer	*Takifugu rubripes*
7. 银鲑	Silver salmon	*Oncorhynchus kisutch*
8. 其他鱼类		
高体若鲹（平鲹）	Kingfish	*Caranx equula*
血鲷	Crimson sea bream	*Evynnis japonica*
平鲷	Silver bream	*Sparus sarba*
黑鲷	Black sea bream	*Acanthopagrus schlegelii*
黄鳍棘鲷	Japanese silver bream	*Acanthopagrus latus*
白腹鲭	Japanese chub mackerel	*Sconber japonicus*
斑点莎瑙鱼	Japanese pilchard	*Sardinops melanostictus*
蓝鳍金枪鱼	Bluefin tuna	*Thunnus thynnus*
条石鲷	Japanese striped knifejaw	*Oplegnathus fasciatus*
斑石鲷	Japanese spotted knifejaw	*O. punctatus*
三线矶鲈	Grunts	*Parapristipoma trilineatum*
斑舵	Sea chubs	*Girella punctata*
丝背冠鳞单棘鲀	File fish	*Stephanolepis cirrhifer*
马面鲀	Black scraper	*Navodon modestus*
小鳞多板盾尾鱼	Wedge-tailed blue tang	*Prionurus microlepidotus*
日本鬼鲉	Devil stringer	*Inimicus japonicus*
许氏平鲉	Jacopever	*Sebastes schlegeli*
无备平鲉	Japanese stringfish	*S. inermis*
赤点石斑鱼	Red grouper	*Epinephelus akaara*
七带石斑鱼	True bass	*E. septemfasciatus*
云纹石斑鱼	Kelp bass	*E. moara*
大泷六线鱼	Greenling	*Hexagrammos otakii*
牛眼青鲹	Japanese bluefish	*Scombrops boops*
东海鲈	Sawedged perch	*Niphon spinosus*
鲈鱼	Sea bass	*Lateolabrax japonicus*
褐菖鲉	Scorpion-fish	*Sebasticus marmoratus*
臭都鱼	Fuscous spinefoot	*Siganus fuscescens*
军曹鱼	Black bonito	*Rachycentron canadum*
条斑星鲽	Barfin flounder	*Verasper moseri*

* 学名来源于《日本鱼名大辞典》（日本鱼类学会编），三省堂，东京，1981，pp834。

从金属网箱在不同养殖鱼类的使用情况来看，值得注意的是：在全国范围内，继河豚养殖之后，大多数鱼体重量在 1 kg 以上的鰤鱼养殖均采用了金属网箱养殖，而鹿儿岛县在 20 世纪 70 年代几乎全域的鰤鱼养殖都采用了金属网箱[88]。另外，爱媛县在 20 世纪 70 年代后半期，金属网箱代替化纤网箱得到快速普及，县内两年以上鰤鱼等大型鱼类的养殖固定采用金属网箱[89]，现在其他鱼类的养殖，也广泛采用了金属网箱。

金属网箱应用于真鲷养殖始于 1969 年鹿儿岛县东町[90]，应用于蓝鳍金枪鱼的蓄养始于 1969 年长崎县水产试验场，当时该试验场采捕到了洄游至对马海域秋口附近的蓝鳍金枪鱼幼鱼，并试验养殖到翌年 1 月，鱼体重量达到了数千克[91]。其后，以 1972 年和歌山县浦神近畿大学水产研究所的金属网箱试验养殖[92]为主，先后有多个地区采用了金属网箱进行养殖，如 1977 年日本国内首个金枪鱼养殖并上市成功的鹿儿岛坊津町[93]、三重县阿曽普[94]，以及静冈县西伊豆町[95]等。日本养殖蓝鳍金枪鱼采用的是先采捕鱼苗后在网箱内蓄养的方式，每年 7—8 月，有关人员会采捕 150~500 g 的当年生的蓝鳍金枪鱼幼鱼，将其蓄养在网箱内，直到 2~3 年后成长为 30~50 kg 为止。由于蓝鳍金枪鱼的氧气消耗量约是鰤鱼的 3 倍，所以网箱要设置在外海常年溶氧量能维持在 $4×10^{-6}$ 以上的海域[96]。例如，长崎县对马美津岛渔协尾崎支所于 1999 年开始着手蓝鳍金枪鱼的养殖，他们长期使用的网箱有两种，一种为直径 15 m、深度 6~8 m 的圆形金属网箱，一种为直径 30~42 m、深度 6~8 m 的化纤网箱。该养鱼场的海水流速快，水中溶氧量达 $7×10^{-6}~8×10^{-6}$，网箱安装的区域为远离海岸 200~300 m、水深 25~50 m 的外海海面[97]。据说直径 15 m 的圆形网箱可容纳 200 尾约 1 kg 的蓝鳍金枪鱼幼鱼，基本不需要分养，3 年内会成长到 50 kg 以上。

世界范围内首次取得人工培育蓝鳍金枪鱼鱼苗成功的是原田辉男等人。1979 年 6 月，原田辉男等人在近畿大学串本水产实验场的金属网箱（ϕ30 m × 8 m）内，首次取得蓝鳍金枪鱼产卵成功[98]。2002 年 6 月，同样在该实验场，熊井英水等人取得了完全养殖蓝鳍金枪鱼的成功，他们将人工孵化出的蓝鳍金枪鱼鱼苗放在网箱内养殖，直至成鱼产卵，产卵后又再次人工孵化，取得了人工完全养殖蓝鳍金枪鱼的成功[99-101]。现在，蓝鳍金枪鱼从纪伊半岛、九州沿岸到石垣岛，约有 10 家养殖场在养殖，自然产卵成功的例子也时有出现[102,103]。日本金枪鱼养殖技术也影响到了海外[46]，表 1.5 显示的是海外金枪鱼类的蓄养殖现状，在地中海沿岸、澳大利亚、墨西哥等地都有养殖[104]，可以预见，若金枪鱼鱼苗的生产步入正轨，则金枪鱼养殖业在世界范围内的发展指日可待。

表 1.5　金枪鱼类（*Thunnus* sp.）的蓄养殖现状

种类名称	英文名	学名	蓄养殖地区
蓝鳍金枪鱼	Bluefin tuna	*T. thynnus*	日本，墨西哥
南方蓝鳍金枪鱼 *	Southern bluefin tuna	*T. maccoyi*	澳大利亚
大西洋蓝鳍金枪鱼 **	Atlantic bluefin tuna	*T. atlanticus*	西班牙，克罗地亚
大眼金枪鱼	Big eye tuna	*T. obesus*	西班牙
黄鳍金枪鱼	Yellow-fin tuna	*T. albacares*	墨西哥，西班牙
长鳍金枪鱼	Bincho tuna	*T. alalunga*	
青干金枪鱼	Longtail tuna	*T. tonggol*	

* 马苏金枪鱼。

** 大西洋黑鲔。

13

另外，关于海水养殖鱼类的产量，截至 2000 年，挪威的鲑鱼-鳟鱼产量占世界第一位（约 50×10⁴ t），其次是智利（约 30×10⁴ t）、英国（约 12×10⁴ t）、加拿大（约 8×10⁴ t）[105]，而日本的幼鰤和真鲷的总产量约为 25×10⁴ t，占据世界第三的位置。

1.5 不同材料金属网箱的使用状况

金属网箱网衣最普遍使用的材料是菱形镀锌铁丝网，也有部分镀锌钢丝网。在金属网箱刚出现时还曾经使用过覆塑铁丝网。但由于覆塑内部铁丝的腐蚀损耗情况难以掌握，若长期使用，有可能因受海浪冲击而发生破网逃鱼的情况[106]，所以现在覆塑铁丝网仅少量用于网箱侧网及水上防腐部分。此外，那种为了获得耐腐性，先用铁丝裸线编成网，之后再经热浸镀锌处理的"后镀式金属网"虽曾普及过一段时间，但由于附锌量出现偏差等问题，目前被弃用。

除了镀锌材质的金属网之外，用作试验或实地养殖的金属网还有镀铝铁丝网和铝丝网，它们在日本于 1965 年前后曾被用作珍珠养殖笼和金属网箱。另外，1969—1970 年，挪威曾出现过使用铝丝网构成的围网式养鱼场[25]。除此之外的金属网，均以抗风浪性和耐腐蚀性为目的，都曾在幼鰤的网箱养殖试验中使用过，如：小川义和在土佐清水市布的外海于 1971 年使用钛丝网[107]、于 1973 年使用铜合金的白铜（Cu–Ni）网[108]，中村萬太郎在鹿儿岛湾牛根于 1972 年使用不锈钢钢丝网[16]，熊井英水等人为了解决金属网附着生物及增强耐腐蚀性，于 1977 年在和歌山县浦神使用铜丝网均进行过幼鰤的网箱养殖试验[109]。

图 1.17 铜合金金属网箱的组装（伊根）
（浮架上的是用于阴极保护的铁电极）

其中，钛丝网自 1992 年后在南予海海域一直被用于蓝鳍金枪鱼的养殖网箱。而铜合金网已经过了试验阶段，自 1979 年 4 月开始，小池庆太郎在沼津市重寺附近海域，持续 6 年使用 90Cu–10Ni 的铜合金方形网箱(9 m × 9 m × 6 m，菱形金属网 ϕ4.0 mm × 53 mm）养殖幼鰤，紧接着，自 1981 年 12 月起，以京都府伊根町龟岛附近海域的真鲷铜合金养殖网箱为开端（图 1.17），宇和海地区的杜氏鰤养殖逐渐固定采用铜合金网箱。不锈钢金属网虽然现在没有用作网衣的例子，但不锈钢波纹金属网被广泛用于近海混凝土养鱼池的水闸及淡水养鱼池注水口和排水口的拦网。

1.6 金属网箱的安装环境

金属网箱凭借自身特有的牢固性，使养殖范围由内湾扩大到外海海域。在外海养殖方面，小川义和走在了世界的前列。他于 1971 年在高知县土佐清水市布的外海海域，开始使用金属网箱养殖幼鰤，1976 年制造出了可抗外海风浪的圆形金属网箱，同时取得了外海养殖幼鰤的成功[110]。该养鱼场的金属网箱虽然遭到了台风的直接袭击，但网箱和系泊设施均无损坏。其后金属网箱在高知县手结[111]和鹿儿岛县坊津[112]等外海海域的养殖中均被使用。但是，1979 年日本海一侧的福井县美滨町早濑冲离岸 300 m 的外海养鱼场遭受了台风袭击，所有网箱全部被损坏[113]。太平洋一侧的外海养鱼场也遭受了此次台风的袭击，加之太平洋一侧的浪高大于日本海一侧，所以太平洋一侧外海同类型的网箱也都遭到损坏。由此人们开始意识到日本海一侧网箱系泊场所的浪高和周期与太平洋一侧是不同的。关于外海网箱养殖设施的情况，已有高知县内金属网箱和化纤网箱养殖试验结果，以及能登海化纤网箱养殖试验结果的报告可供查阅[114-117]。

在湾口部、岛间或外海海面一般建有防波堤，有些养鱼场是在这些防波堤的基础上建成的，最近适应外海环境的金属网箱也被广泛用于这类防波堤养鱼场。例如，图 1.18 是利用防波堤建成的养鱼场，图 1.19 是将岛岸线作为天然防波堤的渔场。

图 1.18　利用防波堤建成的养鱼场
（宇和海遊子附近海域）

图 1.19　受岛岸线保护的养鱼场
（高知县柏岛）

与浮式网箱（浮小割）对应的另一种网箱为下潜式网箱（∮小割），最初是作为调整养殖真鲷体色的设施在鹿儿岛县东町被使用，1974 年后[118]，下潜式金属网箱在鹿儿岛湾古江地区一直作为应对台风的设施被用于幼鰤类的养殖[119]。2001 年，宇和海地区开发出了可沉入到更深水域的下潜式金属网箱真鲷深海养殖法。这种养殖方式将真鲷圈养在紫外线无法到达的原本是真鲷栖息的深水区域，不仅能防止真鲷因黑色素沉淀导致体色发黑，而且还因处于高水压环境下，真鲷的肉质会更紧致。这样真鲷养殖进入了新时代：被养殖于生存压力小的环境下，不会出现病鱼，也无需使用抗生素，网衣上几乎没有附着生物，水体交换良好，产量得到提高，肉质也接近天然。图 1.20 显示的人工养殖真鲷，从头部到尾鳍，体色鲜艳[120,121]。

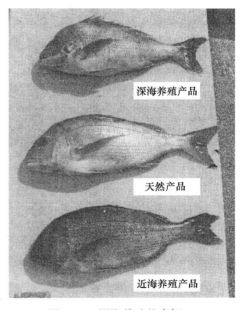

深海养殖产品

天然产品

近海养殖产品

图 1.20　深海养殖的真鲷

1.7　金属网箱的优点

金属网箱有 4 个实用性优点，具体介绍如下。

第一，可大幅度提高放养密度。例如，图 1.21 展示的是分别用金属网箱和化纤网箱养殖幼鰤 4 个月后对比试验的结果[122]。金属网箱的放养密度是化纤网箱的 3 倍以上，在养殖鱼类的成活率方面也占有优势。通过该试验，证实了金属网箱在海水流速快的养鱼场是不可缺少的设施，也能看出金属网箱的附着生物少于化纤网箱，养殖鱼类的外部寄生虫也几乎没有。

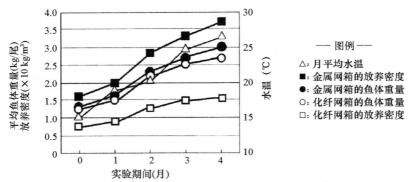

实验期间:1974年4月1日至8月31日;实验场所:静冈县沼津市内浦三津附近海域;
金属网箱:网目50 mm，方形 9 m×9 m×5 m;化纤网箱:网目5节，方形 9 m×9 m×9 m

图 1.21　幼鰤的金属网箱与化纤网箱成活量的比较

第二，易于去除寄生虫。幼鰤养殖中，驱除外部寄生虫一般采用淡水浸洗的方法[123]。但是，对于缺少淡水的地区，随着放养数量和养殖机构的增加，驱除寄生虫变得越来越困难。但若使用金属网箱进行养殖，幼鰤可在网箱底网蹭擦鱼体，去除寄生虫。而且，鱼体蹭擦后表面依然保持光滑平整，不会出现在化纤网箱蹭擦后背鳍、尾鳍受伤的情况[122]。

第三，易于去除附着生物。金属网箱的网衣难以附着牡蛎和藤壶类附生物，而且即使稍微受到污损，网衣的变形性小于化纤网，能维持水体良好的交换，故金属网箱养殖的鱼类具有较强的抵抗细菌性疾病的能力。化纤网污损的清理是通过定期更换网衣来实现的，而金属网衣只要通过潜水作业就可实现，工作人员潜到水下后，用高压喷枪或刷子不破坏网衣就可清理附着的牡蛎或藤壶类附生物。另外，在换网或起捕时，化纤网箱必须将其拉到眼前，鱼体往往受到网衣附生物的伤害，而金属网箱是使用另外的化纤网起捕，所以能有效保护养殖鱼体不受伤害。并且金属网箱不会被养殖鱼类咬破，适合于鲀科鱼类和条石鲷类等鱼类的养殖。由于底网挠曲较少，也适合比目鱼和石斑鱼等底栖性鱼类的养殖[124]。化纤网箱的附着生物被其他杂鱼捕食时往往发生破网，而金属网箱则不受影响，相反还可利用这些杂鱼的到来，例如，养殖鰤鱼类时，可混养捕食网衣附着生物的条石鲷类和鲀鱼类，以达到清洁网箱的目的。

图 1.22 显示的是金属网箱周围的杂鱼群集状况。像这样将金属网箱设置在杂鱼容易群集的海域，竹荚鱼类等杂鱼进入网箱后会成为幼鰤和杜氏鰤的饵料。甚至有的养鱼场只投喂少量饵料，以此引诱大量杂鱼进入网箱，使其成为活饵，以节约成本。有些进入网箱内的条石鲷或鲀鱼类杂鱼，以落下的饵料和网衣附生物为食，最后成长到无法游出网箱的大小。如

16

图 1.23 所示，据说有些侵入真鲷或红鳍东方鲀养殖网箱的竹荚鱼、马面鲀和三线矶鲈等，与养殖鱼类一起成长，最后可以同时上市出售。有人将这种额外的经济效益形容为"浮动钱箱的利息"[125]。

图 1.22 金属网箱周围的杂鱼群集现象（柏岛）

图 1.23 侵入红鳍东方鲀养殖网箱内的竹荚鱼和三线矶鲈

另一方面，也有人指出金属网箱由于网衣污损导致鱼类摄饵量降低[126]，人工清除附着生物等行为也会对养鱼场造成环境污染等问题[127]，但是随着条石鲷鱼苗培育技术的成熟[128]，以及放养密度可控性的提高，采用此类混养饲育法是最有效果的[129]，也能为养鱼场的环境保护做出贡献。图 1.24 显示的是金属网箱内与幼鰤一起混养的条石鲷类，与单养相比，混养后条石鲷捕食附着生物的机会更多，肉质也更好。

条石鲷

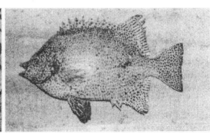

斑石鲷

图 1.24 混养后的条石鲷类

第四，金属网的品质得到改善，可靠性增强。金属网箱在刚出现时，经常发生破网或浮架损坏的情况，但随着金属网线上镀品质的提高，以及阴极保护技术的引入[130,131]，金属网的使用寿命大幅延长。因此，在幼鰤养殖中，一个养殖周期内不需要更换网衣，而且对于鲷鱼和金枪鱼等需要长期养殖的鱼类来说，可以实现在同一网箱从幼鱼到成鱼的一站式养殖。近年来，固体湿性饵料作为养殖技术的新突破被引入网箱养殖，不仅节约了饵料的保存成本、减轻了投饵作业的负担、提高了饵料效率、改善了污染问题，而且还有效规避了金属网箱的固有弱点——水上侧网部分因粘附生饵而带来的硫化物腐蚀，延长了其使用寿命（图1.25）。

图 1.25 湿性饵料的投喂

另外，在外海环境中已经证实：金属网箱因自身的刚性结构具有化纤网箱无法比拟的整体牢固性[132]，而且不会出现像化纤网衣那样被卷入投饵作业船的螺旋桨而发生破网的情况。当遭受台风袭击或发生赤潮时，金属网箱更容易被转移到安全区域[133]。

　　但另一方面，化纤网箱作为幼鱼养殖及中间育成的网箱，也是不可或缺的。有些养鱼场在冬季时会改成海藻养殖场，不得不撤掉金属网箱，这期间就需要用到化纤网箱。有些海域使用面积有限的养鱼场，虽然全程采用金属网箱从幼鱼到成鱼一站式养殖，但在鱼苗早期会在金属网箱内再安装一个网目小的化纤网，待鱼苗发育成幼鱼后，再撤去化纤网衣。另外，与此不同，目前已出现一种仅底网为金属网的复合式网箱，这种网箱能有效保持底网不变形及侧网的成网性。

　　金属网被大量采用的另一个理由是：废弃化纤网难以处理。处理废弃化纤网时，若采用燃烧方式，会产生大量的煤烟，若采用丢弃海底的方式，因其不易腐烂，有可能被卷入船舶推进器而导致事故。而金属网箱与此不同，包括钢制箱架在内的金属材料都是可回收资源。根据当时金属市场行情的变化，非铁类钛合金或铜合金等网衣废品的出售价格能够反映出换网成本。另外，有些地区更换铁丝或钢丝网衣时，采用以养鱼场为单位整体更换，在数量方面注重与废品价格的关联。由于金属网箱可采用阴极保护法，所以金属网衣的使用寿命得到大幅延长。因此，废弃金属网的处理业务减少，网箱材料费及配套施工费用也大幅下降，具有省时省力的优势。

　　时至今日，金属网应用于养鱼设施已过去了一个多世纪，在日本，自 1962 年金属网箱在鹿儿岛湾被正式用作养鱼设施之后，已过去了 40 年。自 1939 年野纲和三郎提出"渔业应从捕捞型转向生产型"的理念后[27]，日本的海水养殖业迅猛发展，金属网箱应时而生，作为养鱼设施的代表，发挥着重要的作用。因此，今后无论是从提高养鱼技术的角度，还是从资源高效利用的角度，我们都应该尽量采用金属网箱作为养鱼设施。

参考文献

[1]　日暮　忠 . 收益本位水産養殖大成奥附 . 東京：養賢堂，1934：188-189.

[2]　千葉健治 . 養魚講座第 1 巻，鯉 . 東京：緑書房，1967：39-46.

[3]　稲葉傳三郎 . 淡水養殖 . 東京：恒星社厚生閣，1976：26-29.

[4]　脇谷洋二郎 . 水産養殖 . 東京：博文館，1909：28-32.

[5]　日暮　忠 . 水産養殖学，上巻 . 東京：裳華房，1912：121-123.

[6]　阿部　圭 . 实地应用養魚の研究，鮎編 . 東京：大日本水産会，1933：194-196.

[7]　阿部　圭 . 实地应用養魚の研究，鯉・鮒・鰻編 . 東京：大日本水産会，1932：196-201.

[8]　線材製品協会，日本線材製品輸出組合 . 線材製品読本 . 東京：鉄鋼産業研究所，1974：92-114.

[9]　吉田満彦 . 真珠養殖における養殖籠についての考察 . 養殖，1965，2（8）：54-56.

[10]　大島泰雄，井上正昭，小津寿郎，高橋亥宣 . イセエビの蓄養について . 水産増殖，1962，7（4）：11-24.

[11]　大島泰雄 . 沿岸増養殖技術について . 東京：海水増養殖のてびき，日本水産資源保護協会，1962：30-42.

[12]　田中二良 . タコの蓄養と養成 . 水産増殖，1960，7（4）：25-30.

[13]　三重県水産試験場尾鷲分場 . 魚類養殖試験，魚種カンパチ . 昭和 36 年度事業報告，122-124.

[14]　三重県水産試験場 . マダコ蓄養試験 . 昭和 37 年度事業報告，112-122.

[15]　黒木栄一 . 青木・中網及び木崎湖の魚類に就いて . 日本水産学会誌，1939，8（2）：69-72.

[16]　金田禎之．日本漁具・漁法図説．東京：成山堂書店，1978：586-587．

[17]　全漁連・全国水産業改良普及職員協議会．全国籠網漁具漁法集第2編．東京：全国漁業協同組合連合会，1979：80-82，85-95．

[18]　竹内正一．かご漁業の漁業法．東京：かご漁業，恒星社厚生閣，1981：24．

[19]　阿山多喜也．養殖籠．真珠養殖全書．東京：全国真珠養殖漁業共同組合連合会，1965：314-316．

[20]　小串次郎．真珠の研究．東京：伊藤文信堂，1938：163-178．

[21]　畠山邦雄，九万田一巳，荒牧孝行．ハマチ適地調査．昭和37年鹿児島県水産試験場報告，1972：278-279．

[22]　原田輝男．ヒラメのタンク養殖施設，飼育技術から管理まで．養殖，1981，18（4）：44-48．

[23]　堀之内修一．ヒラメの陸上養殖事業．養殖，2002，26（13）：51-54．

[24]　村田　修．ヒラメ，最新海産魚の養殖（熊井英水編）．東京：湊文社，2000：109-130．

[25]　Milne P H．水産養殖における籠生簀，網囲いの設計及び設置場所の選択．水産庁訳編，FAO水産増殖国際会議論文集（Ⅲ）（FIR：AQ/Conf/76/R．26），1976：60-69．

[26]　星野　暹．岡山県のフグ養殖．東京：海水増養殖のてびき，日本水産資源保護協会，1962：195-199．

[27]　野網和三郎．かん水養殖の経営と将来に就いて．東京：海水増養殖の手びき，日本水産資源保護協会，1962：231-246．

[28]　野網和三郎．海を拓く安戸池．下関：みなと新聞社，1967：224．

[29]　野網健三．ハマチ養殖概況と生産費の分析．養殖，1969，6（10）：61-67．

[30]　篠岡久夫．養殖形式．養魚講座第4巻，ハマチ・カンパチ．東京：緑書房，1969：44-96．

[31]　猪野　峻．海産養魚の問題点．水産資源，1961，7（1）：18-25．

[32]　原田輝男．養魚学各論（川本信之編）．東京：恒星社厚生閣，1967：480-482．

[33]　前川忠男，斉藤　実，藤田　清，河野義広．浅海養殖施設に関する研究．わが国における浅海養殖施設に就いて．香川大学農学部学術報告，1965，16（2）：147-162．

[34]　小山治行．養魚施設の現状と問題点．水産増殖，1965，臨時号4：33-42．

[35]　高井　徹，溝口昭夫，松井　魁．トラフグの漁業生物学並びに養成に関する研究Ⅰ，池中養成について．農林省水産講習所研究報告，1959，8（1）：91-99．

[36]　橘高次郎．ハマチ養殖について．水産増殖，1959，6（1）：7-30．

[37]　全国かん水養魚協会．画期的な漁場造成，水産土木の新語を生む，淡路養魚訪問記．かん水，1964，（2）：7-30．

[38]　全国かん水養魚協会．鬼が島養魚訪問記，随所に新機軸を，魚に示す大きな愛情．かん水，1964，（3）：6-8．

[39]　日暮　忠．収益本位水産養殖大成奥附．東京：養賢堂，1934：379-383．

[40]　南沢　篤．ハマチ養殖12ヶ月．東京：緑書房，1968：26-32．

[41]　小金澤昭光，野中　忠．水産増・養殖技術資料集-Ⅱ（大島泰雄監修）．東京：日本栽培漁業協会，1992：130-136．

[42]　福田　清，前川忠男，斉藤　実，河野義広．浅海養殖に関する研究，四国沿岸の養魚施設について．香川大学農学部学術報告，1966，17（2）：125-136．

[43]　阿井敏夫．海産養魚施設，静岡県浜名漁協松見ヶ浦養魚場．水産土木，1966，2（2）：9-11．

[44]　井上裕雄，田中啓陽，斉藤　実．浅海養魚場における海水交流について-Ⅰ，櫃石島ハマチ養殖上の場合．日本水産学会誌，1996，32（5）：384-392．

[45]　農林水産省統計情報部．平成13年漁業．養殖生産統計年報，2003：189-199．

[46]　熊井英水．クロマグロの養殖施設と養成環境．養殖，2002，39（4）：64-69．

[47]　堀　重蔵．ハマチの養殖．養殖会誌，1936，6（7-8）：140-145．

[48] 大島泰雄. 水産増・養殖技術発達史. 東京：緑書房，1994：254-261.

[49] 福井県水産試験場. 福井県夏鰤蓄用試験概要. 定置漁業界，1935，25号・鰤号：300-310.

[50] 栗原伸夫. 養魚講座第1巻，鯉. 東京：緑書房，1967：70-80.

[51] 科学技術庁計画局. 人造湖における架線繋留網生簀養殖. 資源総合利用方策調査報告第27号，1973：3.

[52] 工藤基善. 私信.

[53] 栗原伸夫. 網生簀養鯉経営の問題点. 養殖，1967，4（6）：47-50.

[54] 宮崎県淡水漁業指導所. 昭和39・40年度事業報告，1965：222-230.

[55] Cche G. 生簀養殖の概況報告とアフリカへの応用. 水産庁訳編，FAO水産増殖国際会議論文集（Ⅴ）（FIR：AQ/Conf/76/E. 72），1976：250-275.

[56] 全国かん水養魚協会. はまちの小割網養殖法を最初に採用した近畿大学白浜実験場. かん水，1964，（1）：15-17.

[57] 原田輝雄. 私信.

[58] 原田輝雄. ブリの増殖に関する研究，特にいけす網養殖における餌料と成長との関係. 近畿大学農学部紀要，1965，第3号：70-73.

[59] 石田昭夫. 三重県下におけるハマチ養殖の老化. 養殖，1969，6（1）：81-83.

[60] 三木正之，高柴一男. 網生簀によるブリ仔の養殖について. 水産増殖，1960，7（3）：57-62.

[61] 三重県水産試験場尾鷲分場. 魚類養殖試験，マダコ. 昭和36年度事業報告，1961：125-130.

[62] 平野禮次郎. 海産魚の増養殖. 水産技術と経営，1978，（166）：60-77.

[63] 市丸陽太郎. 私信.

[64] 時田正作. 私信.

[65] 九万田一巳. 私信.

[66] 荒牧孝行. ハマチに寄生するベネディニアの寄生状況調査. 昭和43年度鹿児島県水産試験場報告，1968：356-358.

[67] 緑書房編集部. 鹿児島で初めて小割を導入，優良ハマチ養殖経営「優良賞」を受けた川畑水産. 養殖，1971，8（1）：14-16.

[68] 荒牧孝行. 私信.

[69] 山本宇宙. 生本マグロの周年供給を. アクアネット，2004，7（2）：6-11.

[70] 近　磯晴. 網生簀の事例-普及型・網生簀の利用実態. 養殖，1999，36（4）：70-77.

[71] 百野亜津子. 南オーストラリアのミナミマグロの養殖事業. アクアネット，1979，2（9）：22-27.

[72] ホアキン，アルバラレッホ，ロペス，乗田孝男. スペインのクロマグロ養殖事業. アクアネット，1999，2（9）：28-32.

[73] Aqua Net Report. 地中海のヘダイ・スズキ養殖，その1. アクアネット，1998，1（1）：12-13.

[74] Aqua Net Report. 地中海のヘダイ・スズキ養殖，その3. アクアネット，1998，1（6）：10-13.

[75] Aqua Net Report. ノルウエー・ハイドロシーフード社のサケ養殖. アクアネット，2001，4（1）：4-9.

[76] 鈴木敬二. チリのサケ・マス養殖の将来性. アクアネット，2000，3（4）：4-8.

[77] 近　磯晴. 海面網生簀. 養殖，2003，39（4）：19-25.

[78] 林　紘一郎. ノルウエーのサケ養殖会社を訪ねてPart1. アクアネット，2003，6（2）：60-61.

[79] Rovert V A. マルタの海面養殖事情. アクアネット，2003，6（5）：6-10.

[80] 松永英雄. 柔構造生簀の設計理論と性能，高密度ポリエチレン製生簀枠の有用性. アクアネット，1999，2（7）：39-44.

[81] 宮下　盛. わが国の網生簀養殖技術の変遷とその背景. 養殖，1999，36（1）：62-67.

［82］ Milne P H. Fish and shellfish farming in coastal waters. London：Fishing News（book）Ltd.，1972：34-39，140-142.

［83］ The International Nickel Conpany Inc. Nickel cage to help fish farmers lure big markets. Nickel Topics，1980，33（1）：5-7.

［84］ 日向義孝．私信．

［85］ ヒラメの沖合養殖に挑戦，日本海の荒海克服，複合経営目指す．秋田魁新報，1984年10月24日刊．

［86］ 中村重信．私信．

［87］ 農林水産省統計情報部．第78次農林水産省統計表．東京：農林統計協会，2004：512-521.

［88］ 川元浩美．金網生簀とその管理の実際．養殖，1989，26（8）：56-58.

［89］ 佐野隆三．愛媛県魚類養殖業の歴史．松山市：愛媛県かん水養魚協会，1992：114-118.

［90］ 緑書房編集部．主力はハマチからタイへ，九州振興地薄井（鹿児島県東町）の沿岸．養殖，1970，7（5）：14-19.

［91］ 福所邦彦．ぷれぼけメモリー，お魚研究者のつれづれ草．伊勢市：中国新聞文化センター編，2002：55-57，86-88.

［92］ 原田輝男，熊井英水，中村元三．金網生簀によるクロマグロ及びハガツオの飼育．近畿大学農学部紀要，1973，第6号：117-123.

［93］ 荒牧孝行．クロマグロの養殖試験をふりかえって．養殖，1980，17（3）：48-51.

［94］ 阿曽浦湾で養殖成功，ホンマグロ夏にも企業化．毎日新聞，1979年12月10日三重版．

［95］ 椿　智欣．マグロ養殖のこころみ．水産技術と経営，1982，（208）：79-82.

［96］ 宮下　盛，熊井英水．完全養殖に向けた取り組み，完全養殖まであと一歩人工生産の現状．養殖，2002，39（8）：68-71.

［97］ 緑書房．特集クロマグロ養殖の活路，国内養殖の取り組み-長崎県，引き締まった肉質活かしブランド化で安定化へ．養殖，2002，39（8）：63-65.

［98］ 世界で初めての快挙「飼育クロマグロの人工ふ化に成功」近大水研9年間の悲願実る．紀伊民報，1979年6月27日刊．

［99］ 村田　修．クロマグロ完全養殖までの道のり，天然幼魚の行け込み方法の模索．アクアネット，2004，7（2）：44-48.

［100］ 安いトロが食べられるクロマグロ，完全養殖に成功，近大研が発表．朝日新聞，2002年7月6日東京本社朝刊．

［101］ Aquanet Report. クロマグロの完全養殖を達成．アクアネット，2002，5（8）：14-15.

［102］ 澤田好史，熊井英水，クロマグロ．最新海産魚の養殖．東京：湊文社，2000：212-216.

［103］ 澤田好史．クロマグロ完全養殖までの道のり，養成クロマグロの成熟・産卵に関する研究．アクアネット，2004，7（3）：48-51.

［104］ 清水敬子．世界各地の蓄養マグロの実態，高まる需要に応じて増産する海外蓄養マグロ．養殖，2002，39（8）：72-75.

［105］ 根本雄二．チリのサケ・マス養殖の最新動向．アクアネット，2002，5（1）：12-16.

［106］ 南沢　篤．ハマチ・冬の給餌と病気．養殖，1972，9（1）：80-81.

［107］ 小川義和．私信．

［108］ 中村萬太郎．私信．

［109］ 熊井英水．私信．

［110］ 小川義和．ハマチの外海養殖について．かん水，1978，（161）：1-5.

［111］ ハマチの外海養殖にメド，餌料効率抜群死亡率僅か1%，内湾よりも成長早く，高知県香美群夜須町手結大敷組合．高知新聞，1979年3月6日刊．

［112］ 緑書房編集部．沈下式イケスによるハマチの養殖．養殖，1983，20（1）：30-34.

[113]　外海養殖がっくり，台風でイケス全滅，美浜町早瀬被害 2400 万円．福井新聞，1979 年 10 月 24 日刊．

[114]　石田義久．魚類養殖施設の問題点．水産土木，1973，9（2）：1-7.

[115]　石田義久．高知県における沖合いハマチ養殖施設の試験について．水産土木，1975，12（1）：9-18.

[116]　広田仁志，篠原英一郎．高知県における沖合養殖．水産土木，1982，19（1）：25-28.

[117]　冨　和一，内木幸二．能登東部海域の沖合養殖の現状と問題点．水産土木，1982，19（1）：29-35.

[118]　緑書房編集部．沈下式イケスでマダイの発色に効果を挙げる．養殖，1975，12（9）：50-53.

[119]　緑書房編集部．ヒラマサ，ヒオウギ貝を外海養殖，鹿児島県坊津町秋目，宮内一郎さん．養殖，1983，20（6）：86-90.

[120]　マダイの深海養殖に成功「深海養殖鯛」として近く出荷．愛媛新聞平成 15 年 2 月 18 日刊．

[121]　玉留克典．私信．

[122]　菊地宏育．私のハマチ養殖と管理．養殖，1978，15（1）：110-112.

[123]　窪田三郎．養魚講座第 4 巻，ハマチ・カンパチ．東京：緑書房，1969：148-162.

[124]　森実康男．網生簀の評価と問題点．養殖，1999，36（3）：76-93.

[125]　桑　守彦．金網生簀における蝟集魚と侵入魚について．昭和 60 年度日本水産学会講演要旨集，164.

[126]　小黒美樹，吉田範秋，北角　至，秋月友治．魚類養殖場の基礎的環境要因に関する研究，主としてハマチ養殖試験について．徳島県水産試験場昭和 53 年度報告資料，1978：88-94.

[127]　稲垣　実．金網とポリ網生簀によるハマチの養殖．水産技術と経営，1982，（207）：59-72.

[128]　福所邦彦．イシダイの種苗生産に関する基礎的研究．長崎県水産試験場論文集，1979，第 6 号：173.

[129]　桑　守彦．金網生簀における付着生物とイシダイ類混養による除去．にホン水産学会誌，1984，50（1）：1635-1640.

[130]　桑　守彦．金網イケスの損耗防止と防汚対策．養殖，1978，15（7）：132-135.

[131]　桑　守彦．金網生簀の腐食と防食．日本水産学会誌，1983，49（2）：165-175.

[132]　石田義久，山口光明，広田仁志，新谷淑生．昭和 56 年度高知県水産試験場事業報告書，1983，第 79 巻：37-69.

[133]　吉田光俊，大林萬輔．赤潮が漁業に及ぼした影響．かん水，1979，（178）：24-33.

第 2 章 金属网衣的构成

2.1 材质类型

金属网衣材料有以下几种类型，如表 2.1 所示[1]。本章就网衣中使用频率最高的镀锌材质进行详细的介绍。

表 2.1 金属网衣线材的种类与密度

材料	材质	密度（g/m³）
热镀锌铁丝	软钢	7.85
热镀锌钢丝	硬钢	7.85
铜丝	纯铜（Cu）	8.89
白铜丝	90Cu-10Ni	8.89
黄铜丝	65Cu-35Zn	8.50
钛丝	Ti	4.50
不锈钢丝	18Cr-8Ni-0.06C	7.93
不锈钢丝	18Cr-12Ni-2.5Mn-0.06C	7.98

2.2 镀锌线材

金属网衣镀锌线材分为镀锌铁丝和镀锌钢丝两类，镀锌铁丝占多半。一般可用于网衣的铁丝丝径为 $\phi 2.6 \sim 5.0$ mm，钢丝丝径为 $\phi 1.6 \sim 2.6$ mm。这些材质的种类和成分直接关系到金属网衣的强度，以前镀锌铁丝一直使用沸腾钢或半镇静钢，但现在几乎均改用拉伸强度和屈服强度更优的镇静钢[2]。铁丝及钢丝的材质构成详见表 2.2。镀锌前的铁丝盘条是软钢在常温下被拉丝成普通铁丝后，再经 900℃ 以下退火而成的，又被称为"退火铁丝"，其碳含量在 0.08%~0.13%，主要为 10 号铁丝（SWRM-10K）[3]。镀锌前的钢丝盘条是硬钢经拉丝工序后，再在 900~1000℃ 的环境下经热处理（铅淬火）改变其内部的晶体结构后[4]，最后在常温下拉丝而成的线材。镀锌后的钢丝线材被广泛应用于定置网、拖网卷绳、金枪鱼延钓索等[5]。

表 2.2　线材的化学成分

线材（K：镇静钢）		化学成分（%，残留 Fe）				
名称	标号	C	Si	Mn	P	S
软钢线材 JIS G-3505	SWRM 8K	0.10 以下	0.35 以下	0.60 以下	0.04 以下	0.040 以下
	SWRM 10K	0.08～0.13	0.35 以下	0.30～0.60	0.04 以下	0.040 以下
硬钢线材 JIS G-3506	SWRH 37	0.34～0.41	0.15～0.35	0.30～0.60	0.03 以下	0.03 以下
	SWRH 42A	0.39～0.46	0.15～0.35	0.30～0.60	0.03 以下	0.03 以下
	SWRH 57A	0.54～0.61	0.15～0.35	0.30～0.60	0.03 以下	0.03 以下

表 2.3 所示的是金属网衣所用的有代表性的 8 种镀锌线材的种类、线径、附锌量的公称值和实测值。附锌量（镀锌量）用单位面积内线材表面的含锌量（g/m^2）来表示。根据附锌量的公称值可将镀锌线材分为以下几种：公称值在 200 g/m^2 以下的为 3 号镀锌线材、200～300 g/m^2 的为 4 号镀锌线材、400～500 g/m^2 的为厚镀锌线材、500 g/m^2 以上的为超厚镀锌线材[6]。早期金属网箱使用的是 3 号镀锌线材，但是由于其耐腐蚀性较差，现在一般改用了 4 号以上镀锌线材。表 2.3 同时还列出了镀锌线径的实测值，因材料表面附锌量不同，各实测值与其标准值之间会略有偏差。

表 2.3　用于金属网衣的代表性镀锌线材

试样 No.	材料种类（K：镇静钢盘条）	线径（φmm）		附锌量（g/m^2）*		测定 LOT
		标准值	实测值	公称值	实测值	
I	厚镀锌铁丝：K	3.7	3.68±0.01	400	401.1±12.7	8
II	4 号镀锌铁丝：K	2.6	2.62±0.01	350	339.4±12.8	9
III	超厚镀锌铁丝：K	2.6	2.59±0.02	550	535.8±10.7	4
IV	3 号镀锌铁丝	3.2	3.15±0.01	150	153.7±3.1	6
V	厚镀锌铁丝：K	3.2	3.20±0.01	450	413.1±11.7	8
VI	超厚镀锌铁丝：K	3.2	3.17±0.02	500	478.7±17.5	5
VII	4 号镀锌钢丝	2.6	2.61±0.01	350	327.8±25.0	11
VIII	超厚镀锌钢丝	2.6	2.62±0.01	500	499.6±29.4	12

＊实测值按 JIS H-0401 试验法测定。

如表 2.4 所示，在线材的机械性能方面，钢丝线材优于铁丝线材，例如比较线径 φ2.6 mm 的铁丝（试样 II）和钢丝（试样 VIII），虽然附锌量不同，但钢丝的抗拉强度、延伸率、耐曲折强度分别是铁丝的约 3 倍、1.5 倍、2 倍。也就是说，同等条件下，钢丝的线径更细，因而能减轻金属网衣的重量。虽然钢丝的强度与其碳含量成正比[7]，但由于强度大的线材编织成网后，容易发生弹性复原（Spring back）的回弹现象，所以金属网衣一般采用被称为"半钢丝"的、碳含量小于 0.60% 的硬钢线材，其线径一定小于铁丝线材[3]。但是线材的碳含量对其耐腐性无影响[7]，细线径的金属网衣无法预留腐蚀裕度，所以出于现场加工的考虑，钢丝网箱的连接材料如固定网衣和箱架的绑扎线，一般采用铁丝线材。因此，钢丝网箱在强度及耐用方面未必优于铁丝网箱。

表 2.4　镀锌线材的机械性能（参照表 2.3）

试样 No.	抗拉强度 * （kgf/mm²）	延伸率 * （%/200 mm）	耐曲折强度 ** （次/200 mm）	备注
Ⅰ	43.8±0.7	30.3±0.7	40.4±1.1	A 公司产
Ⅱ	42.8±0.4	23.7±1.6	58.8±2.4	同上
Ⅲ	42.2±0.8	17.5±0.7	49.8±2.4	B 公司产
Ⅳ	43.2±0.8	23.5±1.1	50.2±1.7	A 公司产
Ⅴ	45.0±0.8	19.8±0.8	42.6±1.6	同上
Ⅵ	41.8±2.0	24.6±2.3	未测定	C 公司产
Ⅶ	127.2±1.1	未测定	24.1±4.2	D 公司产
Ⅷ	117.2±1.8	5.1±0.5	32.7±0.9	B 公司产

* 使用 JIS Z-2201 规定的 9 号试片，根据 JIS Z-2241 金属材料拉伸试验方法进行测定。

** 根据 JIS G-3532 耐曲折强度试验法进行测定。

2.3　线材的热镀锌法

线材镀锌主要是为了使线材具有耐腐性，线材的附锌量及镀层的构造决定着金属网衣的耐腐性。镀锌方法分为热镀锌法和电镀锌法，金属网衣的线材一般采用被称为"热浸"的热镀锌法（Hot-dip galvanizing）。

热镀锌法的主要工序是：铁丝经拉丝退火后，或钢丝经拉丝脱脂后，再通过水冷→酸洗→水洗→浸助镀溶剂处理→烘干预热→热镀锌→擦拭→冷却→卷线（图 2.1）等工序完成。通常每次可同时对 20~40 根裸线进行镀锌作业，各主要工序简要概括如下。

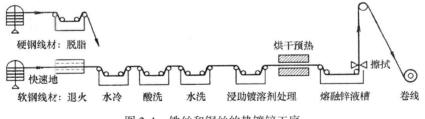

图 2.1　铁丝和钢丝的热镀锌工序

（1）退火：铁丝经拉丝后会发生硬化，故通过退火使其软化，退火温度为 700~800℃。钢丝无需退火处理。

（2）冷却：将处于炽热状态的线材从退火炉中取出后，立即放入水中冷却，使线材表面的氧化膜破裂，易于后续酸洗工序中酸洗溶液的渗透。

（3）酸洗：用 5%~15% 浓度的盐酸或硫酸去除线材表面的氧化物。若酸洗不充分，就达不到高质量的镀锌表面处理效果。

（4）水洗：洗掉酸洗过后残留在线材表面的酸及其他杂质。

（5）浸助镀溶剂处理：使线材浸泡在氯化铵溶液或氯化锌铵溶液中，使其表面产生活性。此做法如同焊锡时的助溶剂处理，使线材表面与锌发生化学反应。

（6）镀锌槽：又称"镀锌炉"，在槽体底部注入铅液后再倒入锌液。由于锌的密度小于铅，所以锌液会在铅液上方溶解。倒入铅液是为了加热通过锌渡槽的线材，同时为了延长镀锌槽的寿命。线材经过镀锌槽镀锌后，需要去除表面余锌，去除的同时为了使线材表面保持平滑，需要使用金属丝或石棉簧来绞除，其后经水冷后被卷线机卷取。

用于热熔的锌锭一般是按 JIS H-2107 规定的纯度为 98.5% 以上的蒸馏锌锭（1 级）或更高纯度的锌锭（表 2.5）[3]，有时为了提高镀锌品质和调节附锌量，在这些锌锭中还会人为地添加微量（0.05% 以下）的铝等金属元素[5]。熔融锌液的温度以 450℃ 为标准，线材表面的附锌量是通过热镀温度和整理工序来调节的，在镀锌液中浸泡的时间越长，线材的附锌量就越多[8]，进行整理工序时，需要保持线材表面光滑无凹凸，不要损伤外表。对于 3 号薄镀锌类线材，整理时一般采用石棉簧抹拭法或氯化锌溶液清除法，线材的悬吊方向为斜上。对于厚镀锌类线材，整理时一般用油木炭抹拭法来清除，即让线材通过 8~10 cm 厚的木炭颗粒层，线材的悬吊方向为垂直（图 2.2）。木炭不仅能够保持线材的温度，而且能够促进线材表面的锌溶液自然滴落，还能去除部分突起物，达到使镀锌膜组织均匀的效果[5]。而对于超厚镀锌类线材，整理时一般采用气体擦拭法，即在熔锌槽的正上方架设一个装满沙砾的箱子，在箱子中充入甲烷并使之燃烧，营造还原环境，让线材高速穿过气体来清除余锌[9,10]。

表 2.5　锌锭纯度（JIS H-2107）

种类	纯度（%）	精炼法
纯锌锭	99.995 以上	精馏法
特殊锌锭	99.99 以上	电解法
普通锌锭	99.97 以上	电解法
蒸馏锌锭　特殊	99.60 以上	竖罐蒸馏法
蒸馏锌锭　1 级	98.50 以上	帝国熔炼法（ISP）
蒸馏锌锭　2 级	98.00 以上	帝国熔炼法（ISP）

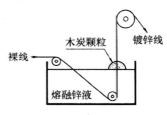

图 2.2　热镀锌槽示意图

2.4　镀锌层的结构

常见热镀锌铁丝镀锌层的截面如图 2.3 所示，其镀层结构由离基材（裸铁）最近的裸铁相 α 相、锌铁合金层 Γ 相、δ₁ 相、ζ 相以及纯锌层 η 相构成。位于 α 相与 δ₁ 相之间的 Γ 相极薄[11]。构成合金层之一的 ζ 相位于纯锌层正下方，成分为 $FeZn_{13}$，铁含量为 6.0%~6.2%。δ₁ 相离基材近，成分为 $FeZn_7$，铁含量为 7.0%~11.5%，由复杂的六方晶体构成，呈细密结构，富有韧性和延性[12]。δ₁ 相与 ζ 相有混合的部分，据说硬度为 200 以上，其含铁量高，故若腐蚀到该合金层，基件就会产生红褐色锈斑[13]。虽然镀锌件的耐腐性与附锌量成正比，但海水环境下，与纯锌层相比，内侧合金层越厚，其耐腐性越强[5]。

2.4.1　不同线材镀锌层的结构

热镀锌层的厚度为纯锌层与锌铁合金层的厚度总和，而附锌量是指纯锌层与合金层中含锌量的总和，镀锌层的厚度与附锌量成正比（图 2.4）[14]，但是由于附锌量有偏差，所以镀锌层的厚度不均，线材截面存在最厚（T 处）和最薄处（t 处）。故最厚处（T）/最薄处（t 处）=偏镀比（T/t），偏镀比的值越大，镀锌层厚度越不均[15]。表 2.6 为采用试样 No. Ⅰ ～ Ⅷ后测定出的镀锌层各数据。镀锌层的厚度与附锌量共同决定着线材的耐蚀性，下面试析线材镀锌层的截面构造。

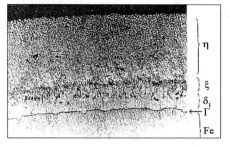

图 2.3　铁丝热镀锌层戴面图

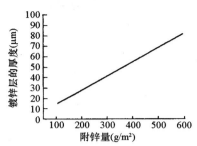

图 2.4　锌含量与镀层厚度关系

表 2.6　镀锌层的厚度与偏镀比（参照表 2.3 和表 2.4）

试样 No.	最厚处（T, μm）			最薄处（t, μm）			平均值（$T+t$）/2（μm）			偏镀比（T/t）	镀锌层截面
	镀锌层	合金层	合计	镀锌层	合金层	合计	镀锌层	合金层	合计		
Ⅰ	92.5	7.5	100.0	28.7	18.8	47.5	60.6	13.2	73.8	2.11	图 2.5
Ⅱ	56.3	15.0	71.3	22.5	17.5	40.0	39.4	16.3	55.7	1.78	图 2.6
Ⅲ	105.0	7.5	112.5	27.5	12.5	40.0	66.3	10.0	76.3	2.81	同上
Ⅳ	0.0	22.5	22.5	0.0	20.0	20.0	0.0	21.3	21.3	1.13	图 2.7
Ⅴ	78.8	17.5	96.3	20.0	17.5	37.5	49.4	17.5	66.9	2.57	同上
Ⅵ	77.5	12.5	90.0	15.0	17.5	32.5	46.3	15.0	61.3	2.77	同上
Ⅶ	25.0	25.0	50.0	12.5	25.0	37.5	18.8	25.0	43.8	1.33	图 2.8
Ⅷ	123.8	7.5	131.3	17.5	7.5	25.0	70.7	7.5	78.2	5.25	同上

1）φ3.7 mm 的厚镀锌铁丝（试样Ⅰ；图 2.5）

本线材选取介于 8 号和 10 号之间的 9 号线材（φ3.7 mm），其附锌量公称值为 400 g/m²，属于厚镀锌铁丝，多用于编织网目为 50~60 mm 的菱形金属网，是金属网衣中最具代表性的铁丝线材。其镀锌层的最厚处（T）= 100.0 μm，最薄处（t）= 47.5 μm，偏镀比（T/t）= 2.11。其中最厚处的合金层为 7.5 μm，最薄处的合金层为 18.8 μm，镀锌层较薄的合金层是正常的 2.5 倍。合金层中 δ_1 相占大多数，在合金层的厚截面中，往往 δ_1 相所占比例较大。δ_1 相和基材（裸铁）之间仅存在少量的 ζ 相，整个截面的厚度分布均匀。

2）φ2.6 mm 的 4 号镀锌铁丝、超厚镀锌铁丝（试样Ⅱ，Ⅲ；图 2.6）

从镀锌层的厚度来看，4 号镀锌铁丝（Ⅱ）在上下左右的截面上差别很小，附锌量也均匀。而超厚镀锌铁丝（Ⅲ）的 T 处极厚，但 t 处比 4 号镀锌铁丝（Ⅱ）薄，Ⅱ的偏镀比 T/t = 1.78，Ⅲ的偏镀比 T/t = 2.81，因此超厚镀锌铁丝（Ⅲ）的镀锌层厚度更加不均匀。

进一步比较它们合金层的厚度，与前面所述的厚镀锌铁丝（Ⅰ）相同，两种线材的 t 处都比 T 处厚。进一步比较它们的平均厚度，4 号镀锌铁丝（Ⅱ）优于超厚镀锌铁丝（Ⅲ），其厚度也均匀。在合金层结构上，4 号镀锌铁丝（Ⅱ）的结构细密，层压清晰，而超厚镀锌铁丝（Ⅲ）的层压粗糙，δ_1 相薄，ζ 相占多半。

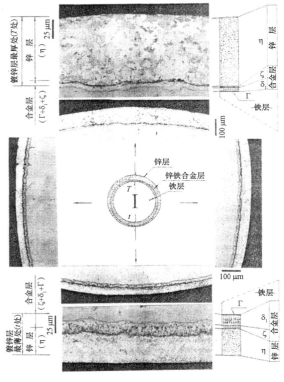

图 2.5　厚镀锌铁丝（φ3.7 mm，400 g/m²）

3）φ3.2 mm 的 3 号镀锌铁丝、厚镀锌铁丝、超厚镀锌铁丝（试样Ⅳ，Ⅴ，Ⅵ；图 2.7）

上述 3 种线材镀锌层的截面图及位置如图 2.7 所示，3 号镀锌铁丝（Ⅳ）的偏镀比（T/t）= 1.13，镀锌层的厚度比较均匀。但是，因调低了线材表面的熔锌量[2]，故纯锌层极薄，镀锌

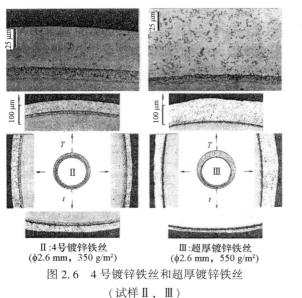

Ⅱ:4 号镀锌铁丝
（φ2.6 mm，350 g/m²）

Ⅲ:超厚镀锌铁丝
（φ2.6 mm，550 g/m²）

图 2.6　4 号镀锌铁丝和超厚镀锌铁丝
（试样Ⅱ，Ⅲ）

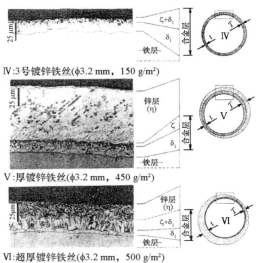

Ⅳ:3 号镀锌铁丝（φ3.2 mm，150 g/m²）

Ⅴ:厚镀锌铁丝（φ3.2 mm，450 g/m²）

Ⅵ:超厚镀锌铁丝（φ3.2 mm，500 g/m²）

图 2.7　3 号镀锌铁丝、厚镀锌铁丝、
超厚镀锌铁丝

层的大部分为细密的合金层，δ_1 相占多半。

厚镀锌铁丝（V）和超厚镀锌铁丝（VI）的偏镀比（T/t）分别为 2.57 和 2.77，V 比 VI 的镀锌层厚度均匀。二者合金层的平均厚度分别为 17.5 μm 和 15.0 μm，厚镀锌铁丝比超厚镀锌铁丝厚。在合金层的结构上，厚镀锌铁丝（V）与前面所述的厚镀锌铁丝和 4 号镀锌铁丝（I，II）类似，结构细密且 δ_1 相占多半。但超厚镀锌铁丝（VI）与试样 No. III 的超厚镀锌铁丝一样，层压粗糙且 δ_1 相不明显，而 ζ 相占多半。

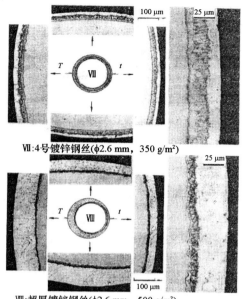

VII：4 号镀锌钢丝（φ2.6 mm，350 g/m²）

4）φ2.6 mm 的 4 号镀锌钢丝、超厚镀锌钢丝（试样 VII，VIII；图 2.8）

两种钢丝线材的偏镀比（T/t）分别为 4 号镀锌钢丝（VII）= 1.33，超厚镀锌钢丝（VIII）= 5.25，与铁丝一样，附锌量越多，镀锌层的偏差越大。合金层的厚度也是 t 处最厚，T 处最薄。从合金层层压结构看，与厚镀锌钢丝（VII）相比，超厚镀锌钢丝（VIII）的合金层层压结构粗糙。若

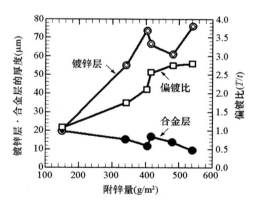

VIII：超厚镀锌钢丝（φ2.6 mm，500 g/m²）

图 2.8　镀锌钢丝（试样 VII，VIII）

比较附锌量相同的铁丝与钢丝（如 4 号镀锌线材）合金层的平均厚度，则钢丝的要比铁丝的稍厚些。

2.4.2　附锌量与镀锌层结构的关系

从上述线材镀锌层的结构来看，铁丝线材与钢丝线材的结构几乎相同。图 2.9 表示了试样 No. I~V 中，附锌量与纯锌层、合金层平均厚度以及偏镀比的关系。

根据图 2.9，各线材的镀锌层结构特征可概括如下。

（1）线材的镀锌层存在最厚处（T）和最薄处（t），附锌量越多，偏镀比（T/t）越大，镀锌层厚度越不均匀。

（2）合金层的厚度：T 处最薄，t 处最厚。这种现象在附锌量越多的线材中越明显，并且线材的附锌量越多，合金层的平均厚度越薄。

图 2.9　附锌量与镀锌层结构的关系

（3）合金层的结构：无论是铁丝还是钢丝线材，当附锌量低于 400 g/m² 时，其合金层均呈现结构细密，层压清晰，且 δ_1 相占合金层组织大半的特点，但是当附锌量达到 500 g/m² 时，合金层的层压粗糙，ζ 相占多半。

下面试分析因附锌量的差异而导致镀锌层结构不同的原因。首先，在镀锌工序方面，为了追求合金层的厚度，附锌量公称值 400 g/m² 以内的线材往往会提高热镀锌槽的温度，使其超过标准的 450℃，热浸时间也会被延长。其次，镀锌层多为合金层的 3 号镀锌线材多采

用石棉簧抹拭法来挤干，而 4 号及厚镀锌线材采用油木炭抹拭法，当线材被垂直拉起经过热镀锌层上的木炭颗粒时，木炭中残存的热量可去除突出的锌，从而获得具有一定厚度且比较均匀的镀锌层[7]。

另一方面，钢丝合金层的厚度比铁丝稍厚，这是由于钢丝本身含有碳元素和硅酮，它们可促使合金层的形成[16]。但对于超厚镀锌钢丝（500 g/m² 以上），由于采用气体擦拭法来高速地使锌附着[8,9]，故会抑制合金层的厚度，这与线材本身的材质无关。另外，钢丝附锌量不均匀是由于在高速拉伸时，钢丝太硬而产生震动的结果[3]。

2.5　镀锌膜的耐腐性机理

镀锌膜的耐腐性机理，即对基材表面的防蚀作用，有两种：一种是镀膜层对外界的阻断防蚀作用，一种是锌与基材表面电位差导致的电化学防蚀作用。阻断防蚀是通过（2.1）~（2.3）的反应式，在镀层表面形成细密的保护性氧化膜来发挥在大气中的防蚀作用。

$$2Zn+O_2 \rightarrow 2ZnO \tag{2.1}$$
$$ZnO+H_2O \rightarrow Zn（OH）_2 \tag{2.2}$$
$$2ZnO+H_2O+CO_2 \rightarrow ZnCO_3 \cdot Zn（OH）_2 \tag{2.3}$$

其中，氧化锌薄膜 ZnO 是线材在镀锌工序中从热镀锌槽中拉起后立刻形成的，氢氧化锌薄膜 Zn（OH）$_2$ 和碱性碳酸锌薄膜 ZnCO$_3$ · Zn（OH）$_2$ 是由于雨露的附着而形成的。下面根据图 2.10 的电位-pH 值图（由热力学计算出）[17]，来说明镀锌膜的防蚀作用。当锌表面的 pH 值为 7.0~11.0 时，会发生钝化，即锌的化学性和电化学性均处于稳定状态，薄膜下锌的反应被抑制。

电化学防蚀无法避免镀锌层表面出现气孔或裂纹，且镀锌材质的菱形金属网衣在编织成网的过程中，由于与扁轴接触，其偶尔会出现如图 2.11 所示的"刮伤"，引起这种"刮伤"的因素有很多，不仅与附锌量不均和线材强度变化有关，还与金属网在运送过程或加工过程中容易受损有关，以及材料在实际使用时的切割有关，从而导致镀锌层被破坏，露出基材表面。

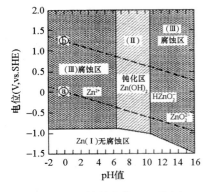

图 2.10　锌的电位-pH 值图
（含 CO$_2$ 1 mol/L 的情况）

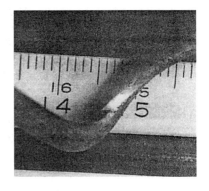

图 2.11　菱形金属网线的刮伤
（被刮伤后露出基材裸铁表面）

若将这种基材外露的镀锌线材放置在海水等电解质中，由于锌的电位比铁的电位低，故锌表面对基材（裸铁）表面发生离子化运动，产生基于牺牲阳极达到阴极保护的效果。具体如图2.12所示，锌表面为阳极（Anode），基材表面为阴极（Cathode），因两极间的电位差产生了（2.4）～（2.6）的反应式，锌被离子化溶入水中，同时防蚀电流通过水的介入，从锌表面（阳极）流向基材表面（阴极），此时基材表面的电位下降（阴极极化），维持低于铁的防蚀电位 -770 mV（饱和甘汞电极标准：SCE）的状态，最终达到防蚀效果。

$$Zn \rightarrow Zn^{2+} + 2e^- \quad （阳极反应） \tag{2.4}$$

$$1/2O_2 + H_2O + 2e^- \rightarrow 2OH^- \quad （阴极反应） \tag{2.5}$$

$$Zn + 1/2O_2 + H_2O \rightarrow Zn（OH）_2 \quad （全反应） \tag{2.6}$$

铁的防蚀电位可根据图2.13所示的铁的电位–pH值图[18]来解释，该图在热力学计算中也称泡佩克斯（Pourbaix）图。图中电位单位为标准氢电极（SHE）电位。据图可知，（I）的"无腐蚀区"为不发生腐蚀反应的区域，铁不发生变化，保持原样；（II）的"钝化区"为不发生化学和电化学性溶解或反应的区域，铁表面维持钝化状态；（III）的"腐蚀区"是指铁丝处于被腐蚀的区域。因此，若使电位保持在低于 -550 mV（SHE）以下（如 -551 mV）的状态，或将pH值提高到9.6以上，铁丝不被腐蚀。根据理论计算[19]，铁在25℃变成 Fe^{2+} 时的标准氢电极电位 E_1 V的计算式如下：

$$E_1 = -（0.050 + 0.592\text{pH}） \tag{2.7}$$

假设海水的pH值是8.1，那么 $E_1 \fallingdotseq -0.530$ V（SHE）。在实际应用中，若将其换算成饱和甘汞电极标准电位（SCE），则25℃海水中氢的饱和甘汞电极标准电位为 -0.240 V，故：

$$E_2 = E_1 + （-0.240） \tag{2.8}$$

由此得出 $E_2 = （-0.530\text{V}） + （-0.240\text{V}） = -0.770$ V（SCE），即 -770 mV（SCE）。当然此数值会因pH值的变动而稍有浮动，但一般认为在实际使用过程中，海水中铁的防蚀电位低于 -770 mV（SCE）。此外，在硫酸盐还原菌繁殖环境下，阴极表面所产生的氢元素被用于还原菌的新陈代谢，代谢生成的硫化氢亦促进腐蚀，因此防蚀电位设定为 -800 mV（SCE）[20]。

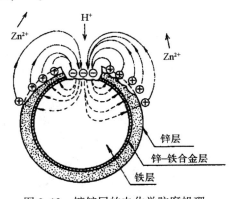

图2.12　镀锌层的电化学防腐机理

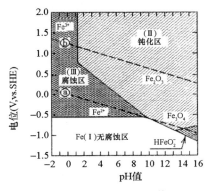

图2.13　铁的电位–pH值图

海水环境下，借助镀锌表面的牺牲阳极作用来进行阴极保护的区域应在基材表面的10cm范围内[21]。但是，镀锌层在海水中因牺牲阳极作用而产生消耗的同时，不产生牺牲阳极作用的锌表面因电位不均而形成局部电池，最后产生电解腐蚀。再加上锌层被腐蚀后生成的氧化锌在海水中因 H^+，OH^-，NH_4^+，HCO_3^-，Cl^-、O_2 的作用而加速溶解[22]。因此，在实际使用环境中，金属网线的镀锌层寿命，即镀锌层对基材表面的防蚀时长就是从金属网浸入海水那一刻起，到其电位达到高电位（如 −699 mV，SCE）的时间，该电位高于其防蚀电位 −770 mV（SCE）。

2.6 菱形金属网的结构

2.6.1 结构和编网工序

菱形金属网（Chain link wire netting，JIS G-3552）的结构及各部位名称如图 2.14 和图 2.15 所示。菱形金属网是指使用夹具将网丝按一定的螺距弯折成"山"字形并缠绕连接在一起的网孔呈平行四边形的金属网。网丝是金属网的构成单位，单根网丝经弯曲加工后可构成金属网，网丝螺距间的角度一般为 85°±5°[1]，平行于网线的山峰到山谷的内侧距离叫"网目内径"，从金属网侧面看，呈锁链状链节环的厚度叫"网片厚度"。"网目"通常叫"网眼"，其大小为单个菱形内两根平行网丝之间的距离，单位用 mm 表示，容差范围为 ±3°。金属网的宽度叫"网片宽度"，即网片在自然伸展状态下垂直于网丝轴线方向，网片两端间的最大距离。网线的最大长度出于运输方面的考虑，一般限定在 15 m 以内，故金属网的切割长度由工厂在生产阶段用网丝的长度来调节。另外，网线末端根据用途可加工成双死结（通称转向节）或活络缝。编网工作由自动编网机完成。

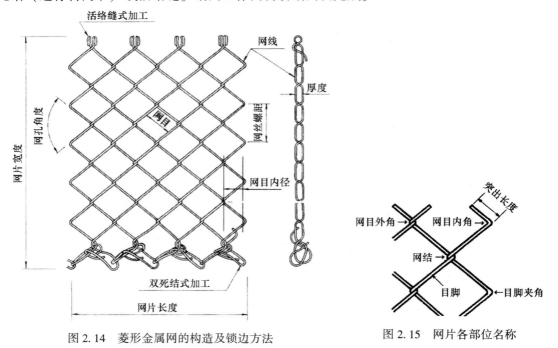

图 2.14 菱形金属网的构造及锁边方法　　　图 2.15 网片各部位名称

编网工序[23]如图 2.16 和图 2.17 所示，首先固定螺旋导套②，导套外径为 φ20~100 mm，长度为 100~250 mm，内部有螺旋槽，接着插入扁轴③，扁轴厚度为 3~8 mm，大小等同于螺旋导套的内径，然后将两根线丝①弯曲装入扁轴③，使扁轴转动后，网线就会按照扁轴的宽度和厚度弯折，然后按螺旋导套内螺旋槽的螺距形成弯曲的两根一组的网线④，最后被推出螺旋导套，连成新网片。计数器⑤用以计算网目数量，根据网片的长度设定，达到设定数字后，扁轴自动停止旋转，网线被切割器⑥切断，切断的同时扁轴又重新转动，新的两根一组的网线被输送出来，送出的网线在两端⑦处被折卷打包。网线经过以上压制成型→卷入→切割的工序后，自动编网，可通过更换丝径、螺旋导套以及扁轴生产出所需网目的菱形金属网。锁边方法（如转向节式）可由机器自动加工或手工进行，如图2.18所示，最终的成品被捆包出售。

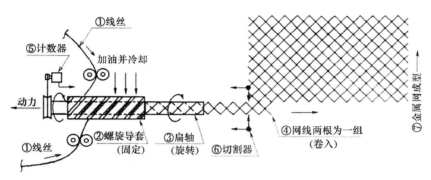

图2.16　菱形金属网编网工序

a.菱形金属网编织机

b.由螺旋导套送出的网线

图2.17　金属网编织机及网线的加工

图2.18　移至现场的金属网

2.6.2　金属网的形状

　　金属网的形状用线径×网目表示，如线径 φ4.0 mm、网目 50 mm 的金属网就用 φ4.0 mm×50 mm 来表示。在养殖过程中，需要根据鱼体重量更换金属网箱，例如，育苗期用化纤网箱，到了真正的养殖阶段要换成金属网箱，且更换形状。图 2.19 为在鹿儿岛湾养殖鰤鱼的生长情况与网箱使用的关系[24]。表 2.7 以幼鰤养殖为例，来说明金属网的形状与鱼体重量的关系[14]。

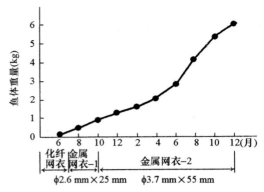

图 2.19　鰤鱼的生长与网箱使用的关系

表 2.7　幼鰤鱼体重量与金属网形状的关系

线径 （φ mm）	线号 （#）	网目（mm）								
		25	32	40	45	50	56	63	75	82
2.60	12	○	◎							
3.20	10			◎	○	◎	◎	○		
3.70	9				○	◎	◎	○		
4.00	8						○	◎	○	○
5.00	6							○	○	○
幼鰤（kg，以上）		0.35	0.50	0.70	0.80	1.00	1.00	1.00	1.00	5.00

注：◎ 表示使用频率高。

2.6.3　金属网的相关数据与计算公式

　　去掉网边双死结和活络缝的部分，镀锌铁丝、镀锌钢丝制成的菱形金属网重量的计算公式如下：

$$W_1 = W_2 \times L_p \times 10^6 \div (p \times u) \tag{2.9}$$
$$L_p = \{(t-D) \times \pi + [u-(t-D)] \times 2\} \times 1.356\,3 \tag{2.10}$$

式中，W_1 为金属网重量（g/m²）；W_2 为镀锌铁丝和镀锌钢丝的重量（g/m）；L_p 为网线单个网丝螺距的线长（m）；p 为网丝螺距（mm）；u 为网目内径（mm）；t 为网片厚度①；D 为线径（mm），1.356 3＝Sec42°30′的值。

　　镀锌铁丝、镀锌钢丝制成的菱形金属网各重量相关数值详见表 2.8[1]，表中列出了单位面积内的网线长度、金属网表面积系数、网丝螺距、网目内径以及网片厚度。表中线径（D，mm）或网目（M，mm）未知的数值由表 2.9~2.12 给出。这些表中，除了金属网重量 W_1 外，其他各数值和计算公式均通用于所有金属材质网箱。

　　另外，镀锌铁丝、镀锌钢丝制成的菱形金属网的重量 W_1 和线径及网目的关系如下式，

---

　　① 译者注：原书中为网线的厚度，有误。

若指定了线径和网目，可求出形状未列在表 2.8 中的金属网的重量。

$$W_1 = \left[e^x (A+B\ln M) \right] \times 0.985 \tag{2.11}$$

$$A = 9.807 + 1.695\ln D \tag{2.12}$$

$$B = 0.064\ln D - 1.070 \tag{2.13}$$

式中，W_1 为金属网重量（g/m^2）；M 为网目（mm）；D 为线径（mm）。

表面积系数 α 由式（2.14）可算出，其他金属网线的重量可根据表 2.1 所示的各种线材的密度按式（2.15）或式（2.16）计算：

$$\alpha = \pi D L \tag{2.14}$$

$$W_m = W_1 \times d_m / d_1 \tag{2.15}$$

$$W_m = \pi L d_m (D/2)^2 \tag{2.16}$$

式中，α 为表面积系数；D 为线径（mm）；L 为网线长度（cm/m^2）；W_m 为其他材质金属网重量（g/m^2）；W_1 为镀锌铁丝、镀锌钢丝制成的菱形金属网的重量（g/m^2）；d_m 为其他网线的密度（g/m^3）；d_1 为镀锌铁丝、镀锌钢丝的密度（7.85 g/m^3）。

【计算例 1】求用金属网形状为 $\phi3.2$ mm×50 mm 的镀锌铁丝制成的菱形金属网缝合面积为 300 m^2 时锌的总重量，已知网线的附锌量为 350 g/m^2。

据表 2.8 可知，线径 $\phi3.2$ mm，网目 50 mm，表面积系数为 0.421。故：

金属网表面积：300 m^2×0.421＝126.3 m^2

锌的总重量：126.3 m^2×350 g/m^2＝44.2 kg

【计算例 2】求用金属网形状为 $\phi3.7$ mm×50 mm 的镀锌铁丝制成的菱形金属网的网衣及网线的各数值。

据表 2.9 中网目为 50 mm 的金属网各数值计算公式，可求得：

金属网重量：$W_1 = 276 D^{1.942} = 276 \times 3.7^{1.942} = 3\,502$ g/m^2

网线长度：$L = 4\,492 D^{-0.060} = 4\,492 \times 3.7^{-0.060} = 4\,152$ cm/m^2

表面积系数：$\alpha = 0.025 + 0.124 D = 0.025 + 0.124 \times 3.7 = 0.484$

据表 2.10 中网目为 50 mm 的网线各数值计算公式，可求得：

网丝螺距：$p = 67.553 + 2.943 D = 67.553 + 2.943 \times 3.7 = 78.44$ mm

网目内径：$u = 36.863 - 0.119 \times 3.7 = 36.42$ mm

网片厚度：$t = 7.315 + 2.525 D = 7.315 + 2.525 \times 3.7 = 16.7$ mm

【计算例 3】求金属网形状为 $\phi4.0$ mm×70 mm 的镀锌铁丝制成的菱形金属网的网衣以及网线的各数值。

据表 2.11 中线径为 4.0 mm 的金属网各数值计算公式，可求得：

金属网重量：$W_1 = 188\,665 M^{-0.980} = 188\,665 \times 70^{-0.980} = 2\,934$ g/m^2

网线长度：$L = 191\,206 M^{-0.980} = 191\,206 \times 70^{-0.980} = 2\,974$ cm/m^2

表面积系数：$\alpha = 23.965 M^{-0.980} = 23.965 \times 70^{-0.980} = 0.323$

据表 2.12 中线径为 4.0 mm 的网线各数值计算公式，可求得：

网丝螺距：$p = 11.735 + 1.351 M = 11.735 \times 1.351 \times 70 = 106.31$ mm

网目内径：$u = 0.737 M - 0.486 = 0.737 \times 70 - 0.486 = 51.10$ mm

网片厚度：$t = 13.760 + 0.071 M = 13.760 + 0.071 \times 70 = 18.7$ mm

【计算例 4】有金属网形状为 $\phi6.0$ mm×120 mm 的镀锌铁丝、钛丝、铜合金丝（90Gu-

10Ni），求分别用上述网丝制成的菱形金属网的重量及表面积系数。已知镀锌铁丝的密度为7.85 g/cm³，钛丝密度为4.54 g/cm³，铜合金丝（90Gu-10Ni）的密度为8.89 g/cm³。

因表2.8中无此形状的金属网，故镀锌铁丝金属网的重量可根据式（2.11）求得：

$$W_1 = \left[e^x\ (A+B\ln M) \right] \times 0.985 = \left[e^x\ (12.844-0.955\ln 120) \right] \times 0.985$$
$$= 3\ 912\ g \times 0.985 = 3.853\ kg/m^2$$

其中：$A = 9.807 + 1.695\ln D = 9.087 + 1.695\ln 6.0 = 12.844$；$B = 0.064\ln D - 1.070 = 0.064\ln 6.0 - 1.070 = -0.955$。

钛丝金属网的重量由式（2.15）可得：

$$W_m = W_1 \times d_m/d_1 = 3\ 853 \times 4.54 \div 7.85 = 2\ 228\ g/m^2 = 2.228\ kg/m^2$$

铜合金金属网的重量由式（2.15）可得：

$$W_m = W_1 \times d_m/d_1 = 3\ 853 \times 8.89 \div 7.85 = 4\ 364\ g/m^2 = 4.364\ kg/m^2$$

表面积系数的计算适用于上述各种线材，可由镀锌铁丝金属网的重量求得。下面试求铜合金线金属网的表面积系数，先由式（2.16）可计算得到：

$$L = W_m \div \left\{ \pi d_m\ (D/2)^2 \right\} = 4\ 364 \div (\pi \times 8.89 \times 3^2) = 17.37\ m/m^2$$

再由式（2.14）可得表面积系数为：

$$\alpha = \pi DL = \pi \times 0.006 \times 17.37 = 0.327$$

表2.8　镀锌铁丝、镀锌钢丝材质菱形金属网重量表

规　格			金属网相关数值*			网线相关数值		
网目（mm）	线号 No.	线径 D（φ mm）	重量 W_1（g/m²）	线长 L（m/m²）	表面积系数** α	网丝螺距 P（mm）	网目内径 u（mm）	网片厚度 T（mm）
20	14	2.00	2.722	110.37	0.693	32.89	14.51	10.6
	16	1.60	1.794	113.66	0.571	31.72	14.55	10.0
25	10	3.20	5.260	83.32	0.838	43.16	18.05	13.5
	12	2.60	3.540	84.94	0.694	41.40	18.12	12.0
	14	2.00	2.164	87.75	0.551	39.64	18.19	11.0
	16	1.60	1.419	89.90	0.452	38.47	18.24	10.4
32	8	4.00	6.311	63.98	0.804	54.97	23.11	16.0
	10	3.20	4.119	65.24	0.656	52.62	23.21	14.0
	12	2.60	2.757	66.15	0.540	50.86	23.28	12.4
	14	2.00	1.679	68.08	0.428	49.10	23.35	11.5
	16	1.60	1.096	69.44	0.349	47.93	23.40	10.9
40	8	4.00	5.068	51.38	0.646	65.78	29.01	16.5
	10	3.20	3.298	52.24	0.525	63.43	29.11	14.5
	12	2.60	2.206	52.93	0.432	61.67	29.18	13.0
	14	2.00	1.335	54.13	0.340	59.91	29.25	12.0
	16	1.60	0.868	54.99	0.276	58.74	29.30	11.4
50	6	5.00	6.301	40.88	0.642	82.22	36.27	20.2
	8	4.00	4.074	41.30	0.519	79.29	36.39	17.2
	10	3.20	2.644	41.88	0.421	76.94	36.48	15.2
	12	2.00	1.764	71.53	0.449	75.18	36.55	13.7
	14	1.60	1.063	67.35	0.339	73.42	36.63	12.7

规 格			金属网相关数值*			网线相关数值		
网目 （mm）	线号 No.	线径 D（ϕ mm）	重量 W_1（g/m²）	线长 L（m/m²）	表面积系数**α	网丝螺距 P（mm）	网目内径 u（mm）	网片厚度 T（mm）
56	6	5.00	5.648	36.64	0.576	90.33	40.69	20.7
	8	4.00	3.648	36.98	0.465	87.40	40.81	17.7
	10	3.20	2.365	37.46	0.377	85.05	40.91	15.7
	12	2.00	1.575	68.86	0.401	83.29	40.98	14.1
	14	1.60	0.948	60.06	0.302	81.53	41.05	13.2
63	6	5.00	5.035	32.67	0.513	99.79	45.85	21.2
	8	4.00	3.250	32.95	0.414	96.85	45.97	18.2
	10	3.20	2.102	33.29	0.335	94.51	46.07	16.1
	12	2.60	1.400	33.59	0.274	92.75	46.14	14.6
75	6	5.00	4.244	27.53	0.433	116.00	54.70	22.0
	8	4.00	2.736	27.74	0.349	113.07	54.82	19.0
	10	3.20	1.768	28.00	0.282	110.72	54.92	17.0

* 镀锌铁丝、镀锌钢丝的密度均为 7.85 g/cm³，除了金属网重量 W_1 外，其他各数值通用于铁丝、钢丝材质之外的各种金属网。

** 平均每平方米缝合面积的表面积。

表 2.9 线径（D，mm）未知金属网各数值的计算公式

网目 M（mm）	金属网重量 W_1（g/m²）	线长 L（m/m²）	表面积系数 α
20	$W_1 = 745D^{1.868}$	$L = 12\,901D^{-0.132}$	$\alpha = 0.083 + 0.305D$
25	$W_1 = 584D^{1.888}$	$L = 9\,472D^{-0.112}$	$\alpha = 0.068 + 0.241D$
32	$W_1 = 446D^{1.910}$	$L = 7\,237D^{-0.090}$	$\alpha = 0.048 + 0.189D$
40	$W_1 = 351D^{1.925}$	$L = 5\,695D^{-0.075}$	$\alpha = 0.031 + 0.154D$
50	$W_1 = 276D^{1.942}$	$L = 4\,492D^{-0.060}$	$\alpha = 0.025 + 0.124D$
56	$W_1 = 245D^{1.948}$	$L = 3\,979D^{-0.052}$	$\alpha = 0.020 + 0.111D$
63	$W_1 = 216D^{1.957}$	$L = 3\,499D^{-0.043}$	$\alpha = 0.016 + 0.099D$
75	$W_1 = 183D^{1.952}$	$L = 2\,925D^{-0.038}$	$\alpha = 0.013 + 0.083D$

表 2.10 线径（D，mm）未知网线各数值的计算公式

网目 M（mm）	网丝螺距 P（mm）	网目内径 u（mm）	厚度 t（mm）
20	$P = 27.040 + 2.925D$	$u = 14.710 - 0.100D$	$t = 7.600 + 1.500D$
25	$P = 33.778 + 2.932D$	$u = 18.428 - 0.118D$	$t = 7.209 + 1.922D$
32	$P = 43.234 + 2.934D$	$u = 23.592 - 0.120D$	$t = 7.218 + 2.143D$
40	$P = 54.044 + 2.934D$	$u = 29.492 - 0.120D$	$t = 7.744 + 2.140D$
50	$P = 67.553 + 2.934D$	$u = 36.863 - 0.119D$	$t = 7.315 + 2.525D$
56	$P = 75.663 + 2.934D$	$u = 41.293 - 0.120D$	$t = 7.749 + 2.539D$
63	$P = 85.124 + 2.933D$	$u = 46.456 - 0.121D$	$t = 7.350 + 2.750D$
75	$P = 101.335 + 0.933D$	$u = 55.310 - 0.122D$	$t = 8.000 + 2.787D$

表 2.11　网目（M，mm）未知金属网各数值的计算公式

线径 D（φ mm）	金属网重量 W_1（g/m²）	线长 L（m/m²）	表面积系数 α
1.60	$W_1 = 41\,325M^{-1.047}$	$L = 261\,851M^{-1.047}$	$\alpha = 13.216M^{-1.049}$
2.00	$W_1 = 58\,637M^{-1.025}$	$L = 237\,786M^{-1.025}$	$\alpha = 14.833M^{-1.023}$
2.60	$W_1 = 82\,961M^{-1.003}$	$L = 214\,225M^{-1.003}$	$\alpha = 17.499M^{-1.003}$
3.20	$W_1 = 128\,300M^{-0.992}$	$L = 203\,333M^{-0.992}$	$\alpha = 20.497M^{-0.993}$
4.00	$W_1 = 188\,665M^{-0.980}$	$L = 191\,206M^{-0.980}$	$\alpha = 23.965M^{-0.980}$
5.00	$W_1 = 285\,960M^{-0.975}$	$L = 185\,720M^{-0.975}$	$\alpha = 29.508M^{-0.978}$

表 2.12　网目（M，mm）未知网线各数值的计算公式

线径 D（φ mm）	网丝螺距 P（mm）	网目内径 u（mm）	网片厚度 t（mm）
1.60	$P = 4.696 + 1.351M$	$u = 0.737M - 0.198$	$t = 8.634 + 0.070M$
2.00	$P = 5.864 + 1.351M$	$u = 0.737M - 0.242$	$t = 9.210 + 0.071M$
2.60	$P = 7.618 + 1.351M$	$u = 0.737M - 0.316$	$t = 10.234 + 0.069M$
3.20	$P = 9.381 + 1.351M$	$u = 0.737M - 0.387$	$t = 11.744 + 0.070M$
4.00	$P = 11.735 + 1.351M$	$u = 0.737M - 0.486$	$t = 13.760 + 0.071M$
5.00	$P = 14.663 + 1.351M$	$u = 0.737M - 0.593$	$t = 16.670 + 0.071M$

2.7　金属丝编织网、六角形金属丝网、波纹金属丝网、金属焊接网

这四类金属网的形状与各部位名称如图 2.20 所示。

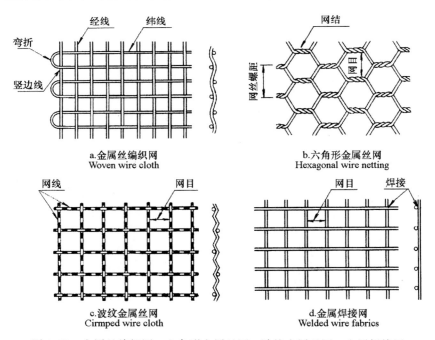

a.金属丝编织网
Woven wire cloth

b.六角形金属丝网
Hexagonal wire netting

c.波纹金属丝网
Cirmped wire cloth

d.金属焊接网
Welded wire fabrics

图 2.20　金属丝编织网、六角形金属丝网、波纹金属丝网、金属焊接网

金属丝编织网（JIS G-3555）为纬线和经线按一定的间隔逐根相互交叉编织而成，它过去只用于养鱼池的拦网，不会用作养殖网箱。

六角形金属丝网（JIS G-3554），又称龟甲网，是将相邻的线丝正捻（或反捻）3 次，然后将其拆分到一定程度再合并一起捻，使之形成六角形筛孔。一直以来，它主要用于珍珠养殖笼和养殖场隔离网，但也有用于幼鱼网箱的。

波纹金属丝网（JIS G-3553）是用齿轮将线丝轧成波纹状，然后将经线按规定的网目排列，再将纬线从上下平行的经线中垂直穿叉而形成。其可用于淡水养殖场的防护网，不锈钢材质的波纹金属丝网可用于混凝土浇筑的海水养鱼池的注、排水口的过滤网。

金属焊接网（JIS G-3551），是将铁丝垂直交叉以几何形状排列，在交叉点处进行电气焊接而形成的格子状的金属网。其在日本还未用于养鱼设施，但是 1969 年起，电镀锌的金属焊接网在苏格兰用于围网式养殖场的隔离网[25]。

上述四种镀锌铁丝、镀锌钢丝金属网的重量计算公式[1]以及除金属丝编织网之外的金属网重量表（表 2.13~2.15）分述如下。

1）金属丝编织网

$$W_1 = W_2 \times M \times 39.37 \times 2 \times A \tag{2.17}$$

式中，W_1 为金属网重量（g/m²）；W_2 为铁丝、钢丝的重量（g/m）；M 为网目（mm）；A（裸丝延伸率）=（裸丝的长度÷金属丝编织网网线长度）×100（%）。

2）六角形金属丝网

$$W_1 = W_2 \times P \times 2 \times A \tag{2.18}$$

式中，W_1 为金属网重量（g/m²）；W_2 为铁丝、钢丝的重量（g/m）；P 为 1 m 内的网丝螺距数量（P＝303 mm 的网丝螺距数×1 000÷303，小数点第 1 位不足 0.5 按 0.5 计，0.5 以上不足 1.0 的按 1.0 算）；A（裸丝延伸率）=（裸丝的长度÷六角形金属丝网网线长度）×100（%）。

表 2.13　六角形金属丝网重量表（摘录）

公称网目 （mm）	线径 （φ mm）	重量 （g/m²，铁丝材质）	网丝螺距 尺寸（mm）	303 mm 内的 网丝螺距数量	适用鱼体重量 幼鲥（g）
10	0.7	738	10.9	28.0	25~200
13	0.7	583	13.8	22.0	50~300
16	1.2	1 395	16.9	18.0	100~400
20	1.4	1 532	21.0	14.5	250~500

3）波纹金属丝网

$$W_1 = W_2 \times M \times 2 \times A \tag{2.19}$$

式中，W_1 为金属网重量（g/m²）；W_2 为铁丝、钢丝的重量（g/m）；M（1 m 内网目数）＝1 000÷（网目+线径）；A（裸丝延伸率）=（裸丝的长度÷波纹金属丝网网线长度）×100（%）。

表 2.14　波纹金属丝网重量表（摘录）

规　格				参　考				
网目 （mm）	线径 （φ mm）	孔径数 *	重量 （g/m²， 铁丝材质）	网丝螺距 （mm）	密度 **	网线 厚度比 ***	裸丝 延伸率 ****	1 m 内的网目数 （网线条数）
10	1.6	1 1/2	2.870	7.73	0.414	1.77	105.46	86.2
15	1.6	2 1/2	2.034	6.64	0.482	1.74	107.02	60.2
20	1.6	2 1/2	1.518	8.64	0.370	1.73	103.86	46.3
25	1.6	3 1/2	1.244	7.60	0.421	1.71	104.81	37.6
	2.0	3 1/2	1.969	7.71	0.519	1.72	107.88	37.0
30	2.0	4 1/2	1.686	7.11	0.563	1.71	109.22	31.3
	2.3	4 1/2	2.284	7.18	0.641	1.71	112.94	31.0
	2.6	3 1/2	2.798	9.31	0.559	1.72	109.33	30.7
38	2.0	4 1/2	1.300	8.89	0.450	1.70	105.39	25.0
	2.3	4 1/2	1.739	8.96	0.513	1.71	107.47	24.8
	2.6	3 1/2	2.167	11.60	0.448	1.72	105.68	24.6
	3.2	3 1/2	3.339	11.77	0.544	1.72	108.82	24.3
50	2.6	5 1/2	1.714	9.56	0.544	1.70	108.25	19.0
	3.2	4 1/2	2.573	11.82	0.541	1.71	108.41	18.8
60	3.2	4 1/2	2.109	14.04	0.456	1.71	105.71	15.8
	4.0	4 1/2	3.363	14.22	0.562	1.71	109.27	15.6

*　孔径数=1 个网目内网线的网丝螺距（孔径）数。

**　网线的网丝螺距密度=线径÷（1/2 网丝螺距）。

***　网线厚度比=网线的厚度（D）÷线径。

****　裸丝延伸率=（裸丝长度÷网线长度）×100。

4）金属焊接网

假设金属焊接网呈片状，以宽 2 m×长 5 m 为例：

$$W_1 = W_2 \times (L+T) \div 10 \qquad (2.20)$$

式中，W_1 为金属网重量（g/m²）；W_2 为铁丝、钢丝的重量（g/m）；L（整张网片的经线全长）= 5×（2 000÷横向网目+1），单位为 m，T（整张网片的纬线全长）= 2×（5 000÷纵向网目+1），单位为 m，L 和 T 通过公式"网片尺寸÷网目"计算，小数点以后省略。

表 2.15　金属焊接网的重量（g/m²，铁丝材质，摘录）

表 2.15　金属焊接网的重量（g/m²，铁丝材质，摘录）

网目 （mm）	线　径（φ mm）			
	2.6	3.2	4.0	5.0
50×50	1 676	2 570	4 015	6 273
75×75	1 121	1 698	2 654	4 146
100×100	863	1 307	2 042	3 191
150×150		871	1 361	2 127

2.8　养殖环境下镀锌金属网的耐腐性

在六个不同的海水养殖场，针对养殖环境下各种镀锌线材金属网箱的附锌量及其与镀锌层寿命的关系，进行了调查，结果如表 2.16、图 2.21 所示[26]。

表 2.16　镀锌网衣寿命的调查

网箱 No.*	调查地点**	调查时间	网箱系泊地点	网箱形状 （上框尺寸× 深度 m）	金属网衣 形状***（线径 ×网目 mm）	镀锌线材 （试样 No.， 参照表 2.3）	附锌量 （g/m²）	养殖 鱼类
1	①	1976.3.30—1976.12.15	岛屿之间	圆形 φ9×6	φ4.0×56	3 号镀锌铁丝（Ⅳ）	150	幼鰤
2	②	1977.8.17—1978.8.8	海湾中央	圆形 φ12×6	φ2.6×30	4 号镀锌铁丝（Ⅱ）	350	条石鲷
3	③	1978.8.10—1980.5.24	海湾中央	方形 8×8×5.5	φ2.6×32	4 号镀锌铁丝（Ⅱ）	250	幼鰤
4		1978.8.10—1979.12.23			φ2.6×45	4 号镀锌铁丝（Ⅱ）	260	
5		1978.3.20—1979.12.23			φ4.0×55	厚镀锌铁丝（Ⅰ）	400	
6	④	1980.3.20—1981.7.20	湾口	圆形 φ12×8	φ3.7×50	厚镀锌铁丝（Ⅰ）	400	幼鰤
7				圆形 φ12×6	φ4.0×50	超厚镀锌铁丝（Ⅵ）	500	幼鰤
8'	⑤	1980.5.25—1981.5.8	海湾中央	方形 7×7×5.5	φ2.6×40	厚镀锌钢丝（Ⅷ）	400	真鲷
9	⑥	1980.4—1981.5	海湾中央	方形 9×9×9	φ2.6×56	厚镀锌铁丝（Ⅰ）	400	幼鰤
10					φ3.2×50	超厚镀锌铁丝（Ⅵ）	500	

＊　No.1~8 为镀锌层寿命调查，No.9~10 为养殖结束后，对镀锌层的观察。

＊＊　①~⑥位置如图 2.21 所示。

＊＊＊　均为菱形金属网，No.5 网箱的网目为横目式，其他网箱为纵目式。

No.1~8 网箱为调查镀锌层寿命的网箱，调查方法为：将参比电极饱和甘汞电极垂于网箱侧网外侧的中间部位，计算水下金属网电位由铁的防蚀电位 -770 mV（SCE）变化到高电位的时间。需要指出的是因调查环境各不相同，故采用了实地潜水对金属网表面进行目测观察，再结合水质调查结果，最后对比分析电位测定数据。以下所示电位单位均为饱和甘汞电极标准电位（SCE）。在调查地点⑥的宇和岛，选定两种同时用于养殖幼鰤的金属网箱 No.9~10，选取水上和水下两处金属

①五岛列岛日之岛
②宇和岛市下波
③高知县柏岛
④沼津市口野
⑤奄美大岛阿室釜
⑥宇和岛市荒城

图 2.21　调查地点

网衣网线进行镀锌层截面的观察，来研究附锌量与金属网耐腐性的关系。

2.8.1 金属网镀锌层的寿命

1）3号及4号镀锌铁丝金属网

五岛列岛为 No.1 金属网箱（附锌量 150 g/m²），宇和岛为 No.2 金属网箱（附锌量 350 g/m²），二者的电位变化如图 2.22 所示，图中实线为实测值，虚线为调查结束后推测的变化。安装时，No.1 为 −1 000 mV，No.2 为 −1 030 mV，No.1 比 No.2 高 30 mV 是因为 3 号镀锌线丝特有的镀锌层多半为合金层。从镀锌层的寿命来看，No.1 约为 3.5 个月、No.2 约为 12 个月，这说明附锌量的差异影响着镀锌层的寿命。调查结束时（11.5 个月后），No.2 的电位为 −770 ~ −790 mV，此时从选取的金属网网线的镀锌层截面（图 2.23）可见，锌层的残存部位非常少，有的合金层脱落甚至露出基材（裸铁）。

若在同一条件下对两个金属网箱的镀锌层寿命进行调查的话，其数据会更可靠，但从安装时电位向高电位发生变化的倾向可看出：No.1 网箱变化较快，而 No.2 变化缓慢，其原因可认为养殖鱼类对镀锌层寿命产生了影响，No.1 养殖的是幼鰤，No.2 养殖的是条石鲷，幼鰤比条石鲷游动更加活跃，产生的水流促进了水中溶存氧、氯离子等腐蚀物质的增多，从而加速了腐蚀。

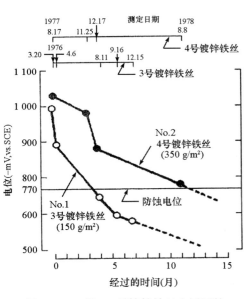

图 2.22　3 号、4 号镀锌铁丝金属网的
电位变化

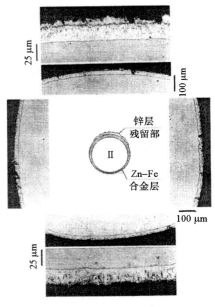

图 2.23　约 1 年后 4 号镀锌铁丝的
镀锌层截面图

2）4 号及厚镀锌铁丝金属网

No.3 ~ 5 调查的是养殖幼鰤的金属网箱，样本地点均位于高知县柏岛养殖场，其水下电位随时间的变化如图 2.24 所示。No.3、No.4 和 No.5 的安放时间不同，它们镀锌层寿命分别为：附锌量为 250 g/m² 的 No.3 约 9 个月，260 g/m² 的 No.4 约 10 个月，400 g/m² 的

No. 5 约 15 个月。

图 2.24 中 No. 4 电位变化曲线中，Em1 所示的虚线是网箱内养殖鱼类被起捕后空网箱的数据，刚起捕时的数据为 −690 mV，一个月后上升到 −630 mV 的高电位，但三个月后又下降到 −730 mV 的低电位。由 −690 mV 开始的上升意味着养殖过程中的腐蚀持续了近一个月，其后由 −630 mV 开始的下降意味着养殖过程中网箱附着生物数量虽有减少，但养殖鱼类起捕后，这些生物的附着和繁殖加快，导致金属网接触海水的面积减少了。另外，由于养殖鱼类被起捕后，其游动所带来的水流对金属网的影响也消失，网箱基

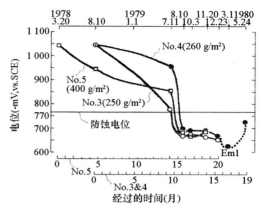

图 2.24　4 号及厚镀锌铁丝金属网的电位变化

材（裸铁）表面所生成的铁锈脱落、溶解减少，溶存于水中氧气的供应锐减，这些原因都导致了金属网箱电位的变化。

3）厚镀锌铁丝、厚镀锌钢丝及超厚镀锌铁丝金属网

从图 2.25 的电位变化可知，厚镀锌铁丝金属网 No. 6 和厚镀锌钢丝金属网 No. 8，两者的附锌量相同且镀锌层结构也相似，但是镀锌层寿命却不同，No. 6 的寿命约为 18 个月，No. 8 的寿命约为 9 个月。No. 6 养殖的是鲕鱼，No. 8 养殖的是真鲷，若考虑养殖鱼类游动的影响，No. 6 的寿命应比 No. 8 短，但这种情况下还要考虑养殖场的环境因素，图 2.26 为网箱安放海域的水温，表 2.17 为水质分析结果，其中也包含了其他养殖场的数据。据此可知，厚镀锌钢丝金属网 No. 8 安放的奄美大岛，水温常年为 20℃ 以上，处于高水温环境，且海水电阻率低于 No. 6 安放的沼津海域，也就是说，厚镀锌钢丝金属网 No. 8 的镀锌层寿命减短的原因是由于其处在高导电易腐蚀的海洋环境。

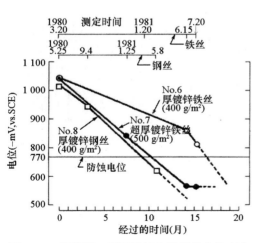

图 2.25　厚镀锌、超厚镀锌金属网的电位变化

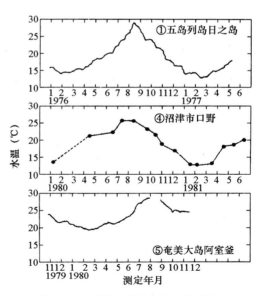

图 2.26　网箱安放海域的水温变化

43

表 2.17 海水养殖场的水质

养殖场	沼津市西浦木负附近海域	宇和岛市遊子海域	高知县柏岛	奄美大岛阿室釜	京都府伊根町龟岛
调查地点	④	②，⑥	③	⑤	—
采水日期	1981.6.15	1981.8.7	1981.8.9	1981.5.7	1981.7.24
采水区域	表层水	表层水	幼鰤网箱	真鲷网箱	幼鰤网箱
pH 值	8.3	8.3	8.4	8.3	8.3
电阻率（$\Omega \cdot cm$）	20.9	19.8	21.7	19.2	20.7
密度（g/m^3）	1.022	1.022	1.022	0.023	1.021
Cl^-（$\times 10^{-3}$）	20.00	20.00	19.00	19.40	20.00
SO_4^{2-}（$\times 10^{-6}$）	241.00	281.00	303.00	2 720.00	346.00
NO_3^-（$\times 10^{-6}$）	0.00	0.00	0.00	0.10	0.00
NO_2^-（$\times 10^{-6}$）	0.40	0.22	0.18	0.00	0.18
Ca^{2+}（$\times 10^{-6}$）	423.00	406.00	469.00	342.00	388.00
Mg^{2+}（$\times 10^{-6}$）	1 620.00	1 620.00	1 960.00	1 340.00	1 550.00
NH_4^+（$\times 10^{-6}$）	0.00	0.00	0.0	0.12	0.00
COD（$\times 10^{-6}$）	2.10	1.80	1.00	1.30	1.90

分析安放在调查地点④沼津市口野附近海域的网箱情况，同一时期安放在该地点的网箱为 No. 6 厚镀锌铁丝网（400 g/m^2）与 No. 7 超厚镀锌铁丝网（500 g/m^2），均为幼鰤养殖网箱，No. 6 的镀锌层寿命约为 18 个月，而 No. 7 的约为 13 个月。一般来说，镀锌层寿命与附锌量成正比[27]，但是这里却相反，500 g/m^2 的比 400 g/m^2 的少近 5 个月。另外，从约 12 个月后的电位来看，No. 6 的电位为 −830 mV，而 No. 7 比它高，为 −650 mV，此时两个金属网箱的底网及侧网底框正上方约 3 m 处，如图 2.27 所示，附生了密密麻麻的紫贻贝。从清除掉紫贻贝后的网线表面来看，No. 6 的网线被氢氧化锌薄膜所覆盖，而 No. 7 网线上因紫贻贝附着量较少，无附着面生了铁锈（图 2.27）。

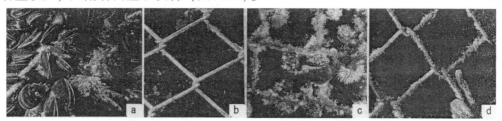

图 2.27 厚镀锌铁丝和超厚镀锌铁丝的表面状态（安放 12 个月后）

a. No. 6 厚镀锌铁丝（400 g/m^2）侧网上附着的紫贻贝；b. 去除该紫贻贝台，侧网露出的氢氧化锌面；
c. No. 7 超厚镀锌铁丝（500 g/m^2）底网上附着的紫贻贝；d. 去除该紫贻贝后，底网露出的点状褐色锈蚀面

2.8.2 镀锌层的结构与耐腐性的关系

除了安放在奄美大岛的 No. 8 网箱为镀锌钢丝金属网之外，No. 1～7 均为镀锌铁丝金属网，各网箱的安放时间、地点和养殖鱼类虽略有差异，但水质条件几乎无差异。我们根据各

网箱附锌量与镀锌层寿命、镀锌层厚度与镀锌层寿命的关系计算出了镀锌层的腐蚀量（侵蚀度），结果如图 2.28 所示。

由图可知：当附锌量低于 400 g/m² 时，镀锌层寿命随附锌量的增加而延长，但附锌量为 500 g/m² 的镀锌层寿命短于附锌量为 400 g/m² 的，与 300 g/m² 的几乎相同；再分析腐蚀量情况，附锌量为 400 g/m² 的约为 40 μm/a，为最小值，500 g/m² 的约为 65 μm/a，与 250 g/m² 的几乎相同。从这些观测数据可知，耐腐性最好的线材为 400 g/m² 的厚镀锌铁丝，其次为 350 g/m² 的和 500 g/m² 的。另外，没有列为观测对象的 No. 8 的厚镀锌钢丝（400 g/m²），若安置在与铁丝金属网相同的条件下观测，其耐腐性应与铁丝金属网相同。

海水环境下锌的自然腐蚀量，在热带海域 1 年后约为 43 μm/a，第 2 年后约为 22 μm/a[28]，有研究在佛罗里达海域进行了为期两年的浸泡观察，最终得出平均腐蚀量为 10~40 μm/a[29]。但金属网镀锌层的腐蚀量为 40~70 μm/a，其原因可以归纳为两点。①网衣结构导致的电位差腐蚀：由目脚交接处的缝隙与网箱表面存在氧浓差、或网线表面的刮伤引起的电位差腐蚀；②存在加速腐蚀的条件：由于养殖鱼类的游动所带来的水流，增加了对金属网的冲击量，这是养殖环境下特有的加速腐蚀的因素。

再了解一下金属网网线表面的腐蚀情况，选定在⑥宇和岛市荒城附近海域养殖幼鰤使用了近 26 个月的金属网箱 No. 9 和 No. 10，其表面腐蚀状态如图 2.29 所示。No. 9 网箱金属网的附锌量为 400 g/m²，No. 10 网箱金属网的附锌量为 500 g/m²，二者镀锌层的截面如图 2.30 所示。分别观察两种金属网的水上和水下部分的表面。在 No. 9 网箱（400 g/m²）水下部分的截面图中，ac 为合金层腐蚀的地方，网线表面有红色腐蚀斑点，但腐蚀程度小。No. 10 网箱（500 g/m²）分为水上部分（No. 10a）和水下部分（No. 10b），No. 10a 处在海盐粒子带，水上部分网线表面呈灰色，镀锌层截面图中 zc 为氢氧化锌 Zn（OH）$_2$ 的残留层，足以说明镀锌层发挥了良好的防蚀性；位于水下的网线（No. 10b），其镀锌层完全被腐蚀、溶解，网箱表面完全被赤锈覆盖，如图 2.30 所示，截面中 fc 为氢氧化亚铁 Fe（OH）$_2$，r 为赤锈的氢氧化铁 Fe（OH）$_3$ 的层压，可见基材表面遭到了强烈的腐蚀。从上述分析可知，附锌量 500 g/m² 的超厚镀锌铁丝在海水环境下的耐腐性劣于 400 g/m² 的厚镀锌铁丝。

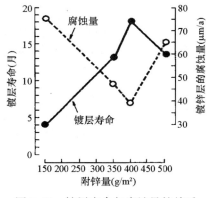

图 2.28　镀层寿命与腐蚀量的关系

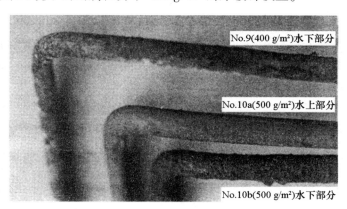

图 2.29　安放 26 个月后的网线表面

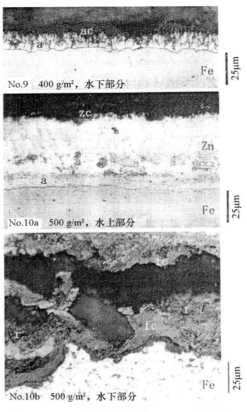

图 2.30　网线的镀锌层截面（26 个月后）

　　因此附锌量与耐腐性的关系为：在大气环境下，附锌量越多，镀锌层抗腐性越好[30]，但在海水环境下，只有附锌量多且合金层厚才更具有耐腐性[31,32]。另外，锌因牺牲阳极而起到阴极保护作用，由此导致锌的腐蚀量减少，虽然锌中的铁含量仅增加了 0.02%，但锌腐蚀量减少约 30%，镀锌膜电阻增加约 70%[33]，也就是说，当镀锌层借助牺牲阳极对基材表面起到阴极保护作用时，因附锌量 500 g/m² 的合金层极薄（见图 2.6~2.8），其表面锌层被消耗后，剩下的合金层因铁含量减少故耐腐性差。关于水下金属网的赤锈问题，一般镀锌线的合金层厚时，往往缓慢生成，但当合金层薄时，会快速生成，其原因为：附锌量为 500 g/m² 的镀锌线的合金层不仅极薄且锌层厚度不均、偏镀比极高，故镀锌层最薄处（t 处）的基材表面提前外露，之后残留的镀锌层由于对外露基材的牺牲阳极作用而过早地被消耗掉，从而缩短了镀锌层的寿命。

　　综上所述，在海水养殖环境下，附锌量高、镀锌层厚度均匀且合金层厚、层压结构细密的材料构成的金属网箱更具有耐腐性。

2.9　金属网的金属元素及其与生物体的关系

　　锌和铁是组成镀锌金属网的主要金属元素，其适用范围广泛，与镁和铜等元素一起，均为生物体所需的金属元素，而作为生物养殖设备的金属网箱，应明确其对养殖鱼类及环境安全的影响。

2.9.1 金属元素与生物体

表 2.18 详细地列出了各元素在人体内的浓度和人体必需量及其在海水中的浓度、海藻及海水动物体内的浓度[34~36]。金属元素根据其对生物体的功能可分为以下 4 种[36]：①在生理功能及生物酶转化方面，为不可缺少的必需金属元素；②对生物无任何有益作用，仅有毒副作用的金属元素；③仅对某些生物有毒副作用的金属元素；④对生物体几乎无影响的金属元素。其中，①中的必需金属元素有钒（V）、锰（Mn）、镍（Ni）、铬（Cr）、钴（Co）等重金属，如图 2.31 所示，若该类金属不足，会导致缺乏症，影响生物生长，反之，超过正常范围就会中毒[36]；②中的全部金属元素有铅（Pb）、镉（Cd）、汞（Hg）、锑（Sb）、铍（Be）和③中有砷（As）、锡（Sn），均属于"有毒金属元素"[37]；④中的金属元素对生物体没有影响，既无良性作用也无副作用，有铝（Al）、钛（Ti）等。

表 2.18　金属元素在人体内的浓度与必需量及其在海水、海藻、海水动物体内的浓度

金属元素		人体内浓度（mg）	人体必需量（mg/d）	海水中的浓度（×10⁻⁶）	海藻中的浓度* （×10⁻⁶）	海水动物体内浓度* （×10⁻⁶）
①必需金属元素						
钙	（Ca）	10×10^5	800~2 000	400	10×10^3	1 500~20 000
钾	（K）	14×10^4	+	380	52×10^3	7 400
钠	（Na）	10×10^4	1 500~5 000	10 500	33×10^3	4 000~48 000
镁	（Mg）	19×10^3	300	1 350	52×10^2	5 000
铁	（Fe）	42×10^2	7~15	0.01	7×10^2	400
氟	（F）	26×10^2	0.5~1.7	1.3	4.5	2.0
锌	（Zn）	23×10^2	10~15	0.01	150	6~1 500
锶	（Sr）	32×10	+	8.0	7.4	20
铜	（Cu）	72	1.0~2.8	0.003	11	4~50
钒**	（V）	18	+	0.002	2	0.14~2.0
硒	（Se）	13	0.03~0.06	0.000 4	0.8	—
锰**	（Mn）	12	0.7~2.5	0.002	53	1~60
碘	（I）	11	0.10~0.14	0.06	30~1 500	1~150
镍**	（Ni）	10	0.05~0.08	0.002	3	0.4~25.0
钼	（Mo）	9	0.1	0.01	0.45	0.6~2.5
铬**	（Cr）	1.5	0.29	50×10^{-6}	1.0	0.2~1.0
钴**	（Co）	1.5	0.02~0.16	0.000 1	0.7	0.5~5.0
②有毒金属元素						
铅	（Pb）	121	N	30×10^{-6}	0.4	0.5
镉	（Cd）	50	N	0.000 11	0.4	0.15~3.0
汞	（Hg）	13	N	30×10^{-6}	0.03	—
锑	（Sb）	8	N	0.000 5	1.0	0.20~20.0
铍	（Be）	0.04	N	0.6×10^{-6}	0.001	—

金属元素		人体内浓度 （mg）	人体必需量 （mg/d）	海水中的浓度 （×10⁻⁶）	海藻中的 浓度*（×10⁻⁶）	海水动物体内 浓度*（×10⁻⁶）
③对特定生物体有毒的金属元素						
砷	（As）	18	N	0.003	30	0.005~0.3
碲	（Te）	8	N	—	—	—
锡	（Sn）	6	N	0.000 8	—	0.2
铋	（Bi）	0.2	N	15×10⁻⁶	—	0.04~3.0
铀	（U）	0.09	N	0.003	—	0.004~3.2
钨	（W）	+	N	0.000 1	0.035	0.000 5~0.05
锗	（Ge）	+	N	60×10⁻⁶	—	0.3
④对生物体几乎无影响的金属元素						
锆	（Zr）	420	N	22×10⁻⁶	≤20	0.1~1.0
铝	（Al）	61	N	0.01	60	10~50
钡	（Ba）	22	N	0.03	30	0.2~3.0
钋	（Po）	14	N	—	+	+
钛	（Ti）	9	N	0.001	12~80	0.20~20.0
锂	（Li）	2	N	0.17	—	—
银	（Ag）	0.8	N	40×10⁻⁶	0.25	3~11

* 指干燥生物体中的浓度。

** 超出正常范围会产生毒性。

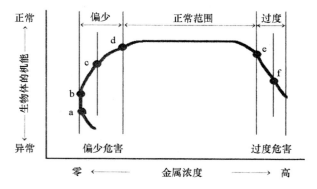

图 2.31 金属浓度与生物体机能的关系

2.9.2 重金属元素

锌、铁或铜均为重金属元素，也是构成金属网箱的材料，它们虽然作为有益于生物体生理功能的有用重金属而被排除在"有毒金属元素"之外，但当今仍有不少人误认为所有的重金属元素均为有毒物质。根据《化学事典》[38]的解释，仅有"重金属元素是指密度超过 4.0 g/m³ 的金属元素，密度低于 4.0 g/m³ 的称为轻金属元素"的表述，也就是说，所谓的重金属元素是相对于镁、铝等轻金属元素而言，如金、银、铜、铁等，正如字面意义那样，为"重的金属元素"，类似"重金属元素都是有毒物质"的说法在世界上任何技术资料中都找不到。当然，重金属元素中也有像汞（Hg）、铅（Pb）、镉（Cd）等引起过公害的有毒重金属元素。

下面列出一些日本公害史中，与有毒重金属元素相关的事件，谨供参考：因铜矿排放的镉和砷等而引起的"足尾矿有毒事件"[39]；婴幼儿奶粉中混入砷的"砷中毒事件"[40]；食用有机汞污染鱼类而大量引起的"水俣病"[41]；被称为"新潟县水俣病"的阿贺野川汞中毒事件[42]；因炼锌厂排放废水中的镉而慢性中毒的"痛痛病"[43]；由口吸入或误服引起的铅中毒和由铅引起的海洋污染[44]；有机锡引起的鱼类、贝类污染和海洋污染等[45,46]。

但对于锌元素和铁元素，目前为止，尚无由其引起土壤、水质污染之类公害问题的公开报道，而且从这两种金属元素在自来水中的含量标准来看，日本为锌 1.0×10^{-6}、铁 0.1×10^{-6}，美国和世界卫生组织（WHO）为锌 5.0×10^{-6}、铁 0.3×10^{-6}，在欧洲部分国家尚无标准[47]，可见锌和铁不属于有毒金属元素。

总之，重金属元素中，既有像铅、汞、镉等有毒金属元素，也有像锌、铁、铜等为生物生理功能所必需的金属元素。

2.9.3 锌对生物体的影响

锌占地壳的 0.04%，由闪锌矿、菱锌矿等精炼而成，其密度为 7.14 g/cm³，熔点为 419.5℃，呈银白略带淡蓝色。锌用途广泛，可用于各种工业制品中，如钢材的镀锌防腐蚀以及锌带阳极（牺牲阳极对阴极保护材料的一种）、干电池阳极等，还可用于不同化合物中，如婴儿痱子粉、爽身粉、硫酸锌油、皮肤软膏、滴眼液等，或添加到婴幼儿奶粉中[48,49]。因为锌、铁与铜等都是生命体必需的金属元素，若摄入不足会引起诸多健康问题，它有别于汞、铅、镉等有毒重金属元素[50]。当然，锌对身体也有危害[51]，如由呼吸道吸入过多会引起中毒。虽然锌被认为是有益的金属元素，摄入不足会导致缺乏症，但另一方面，若喝了含有这些锌氧化物的浑浊水，亦会对身体造成伤害。

锌的摄入性中毒包括：有浓重金属味道的锌盐类会刺激口腔和消化道的黏膜，引起致命的虚脱；人经口摄入硫酸锌 5~15 g 会致死[51]；也有因喝了镀锌容器中的酸性饮料而集体中毒的事例。锌中毒往往出现在摄入 4~12 小时后，症状为发烧、呕吐、发抖、胃疼、痢疾等。催吐药的锌含量为 675×10^{-6}~$2\,280 \times 10^{-6}$，一般 20×10^{-6}~40×10^{-6} 会有金属味[51]。至于吸入性中毒，多发生于作业时，如金属的镀锌，黄铜或青铜的铸造、加工、钎焊或镀锌钢丝的切割、焊接等；吸入过量的氧化锌烟尘而出现的发热症状，通常称为"金属烟热"，是一种职业病[51,52]。

对鱼类来说，能致其急性中毒的锌投放量为 330×10^{-6}，会破坏细胞并堵塞鱼鳃，在鱼鳃黏液上形成沉淀、从而影响呼吸而窒息，其他症状为全身衰弱、鱼鳃之外的大面积组织发生病变、影响生长等[53]。针对锌中毒的有效治疗方法是，将鱼放入不含锌的水中或含有碳酸钙的水中，利用锌与钙的对抗作用来进行治疗[53]。

下面阐述锌对生物体的有益之处。锌主要存在于动植物的组织及内脏器官中[54]，含锌量丰富的食品有（每 100 g 中）：生牡蛎含 40 mg、小麦胚芽含 16 mg、抹茶含 6.3 mg 等[55]。人体内的锌含量：体重 70 kg 的人的总量在 1.4~2.3 g，是铁的 1/2，铜的 10~15 倍，锰的 100 倍以上。正常人每天应摄取 10~12 mg 的锌，主要通过十二指肠和小肠吸收，多数散布于前列腺、血液、精液、毛发以及皮肤等[56]。

锌在人体的生理作用方面扮演着重要的角色，其在蛋白质、糖及脂肪代谢方面起着重要作用，尤其是对 DNA 合成时遗传基因的激活过程有着促进作用；锌酶中的酒精酶、乳酸酶、苹果酸酶、谷氨酸脱氢酶、脱氧酶、碱性磷酸酶等，在人体内起到有益的作用。而缺锌会抑制或阻碍生长，破坏皮肤和其他器官，如生殖器的缺陷、发育不全、骨骼发育异常、食欲不振[56]等。近来有报告指出，由于精细加工食品增多而锌摄入量减少，出现味觉异常的患者增多，甚至还诱发了白血病、动脉硬化、心肌梗塞、癌症等[57,58]。也有很多报告指出了锌的其他生理功能，例如对无机汞中毒的老鼠投喂锌可降低其毒性[9]，用于治疗食蟹猴和老鼠的锌缺乏症[60,61]，还可用于其他植物和家禽的锌缺乏症等[54,62,63]。

对人类来说，最需要锌的人群是孕妇、婴幼儿、高龄者、体力劳动者、糖尿病患者、酒精中毒患者以及吸烟者等[64]，尤其是只靠母乳喂养的婴幼儿不能从母乳中获得足够的锌，故按照乳制品规定，母乳喂养的婴儿必须补充锌[48,49]。治疗锌缺乏症时，常用硫酸锌，口服或是静脉注射，小儿用量为 10 mg/（kg·d），成人为 200～600 mg/（kg·d），从对长期服用者的观察来看，未见副作用[65]。

下面阐述一下锌对鱼类的作用。从鲤鱼、虹鳟的养殖实验可知，饵料中的锌会促进碳水化合物的消化，投放锌含量低的饵料，鱼就会出现白内障、鱼鳍和皮肤发炎等症状，死亡率升高，但将锌含量调至 $15×10^{-6}$～$30×10^{-6}$ 时，鱼长势良好，可见锌对鲤鱼、虹鳟是必需的金属元素[66,67]（图 2.32）。另外，锌在海水中是以 Zn^{2+} 的形态及 $0.01×10^{-6}$ 的含量溶存于水中；在海洋生物中的锌含量：海藻类为 $150×10^{-6}$，海水动物为 $6×10^{-6}$～$1 500×10^{-6}$[35]，鱼类为 $3×10^{-6}$～$18×10^{-6}$[68,69]。对于软体动物及甲壳类生物，锌与铜一样，对它们的呼吸色素血蓝蛋白的代谢有着重要的作用[70]。

锌也广泛应用于水域环境中，如船体外板的镀锌防蚀（图 2.33），供水管道内壁的镀锌防蚀（供水管道用镀锌钢管 SGPW，JIS G-3442）等[71]。上述这些均未出现由锌溶解生成物造成的对水质环境及生物体的影响。

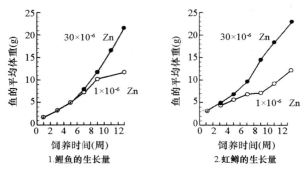

图 2.32　鲤鱼、虹鳟饵料中锌含量与其生长量的关系

图 2.33　渔船外板的防腐锌板

还要补充的是，锌矿无单一原矿，都是伴随铜、镉、铅等杂质一起被开采出来的[72]。以前的炼锌工艺，都是在炼锌过程中将镉等废物排弃，从而造成了水质污染和土壤破坏等环境问题[73]，因此，被炼出来的锌也被误认为是有毒重金属。但现在依靠先进的电解精炼技术，如表 2.5 所示，即便是普通的锌锭其纯度也达到了 99.97%[74,45]。因此，目前几乎未见摄入性锌中毒的事例。锌在海水中的腐蚀生成物是以碱性氯化锌〔$4Zn(OH)_2·ZnCl_2$（Ⅱ）·

6Zn（OH）$_2$·ZnCl$_2$（Ⅲ）〕的形态存在，在淡水中是以氢氧化锌 Zn（OH）$_2$ 的形态存在[76]，这些生成物的浓度不会造成水质浑浊，即使造成浑浊，对人体的危害也是轻微的[77]。

综上所述，可以认为金属网箱的锌，不会氧化溶解到使周边的水变浊，不会给养殖的鱼类和水质环境带来危害。

2.9.4 铁对生物体的影响

铁占地壳的 5.03%，由磁铁矿或黄铁矿等精炼而成，其密度为 7.86 g/cm^3，熔点为 1 536℃，是水陆均广泛应用的金属。其被腐蚀所生成的赤锈等铁氧化物的主要成分以 FeOOH 的形态存在[78,79]，铁氧化物多为 γ 型的 FeOOH，也混有少量的 α 型[80]。海水中的铁以 Fe（OH）$_3$ 的形态存在，含量为 0.01×10^{-6}，海藻类中的含量为 700×10^{-6}，海水动物为 400×10^{-6}[14]。

铁是动植物所必需的金属元素之一，与它们的生物化学反应息息相关。人体对铁的需求量为成人每天 12~15 g，主要通过食物摄入经小肠吸收。人体内铁的含量为 4.0~5.0 g，主要存在于肝脏和胰腺中[81]。铁的生理作用为造血，若铁元素不足则血红蛋白减少，造成贫血。生物体内的铁大部分存于血液中，对血色素的形成不可或缺，人体血液中，铁含量的 60%~70%存在于红细胞血红蛋白中，由血红素和球蛋白结合而成。另外，铁还作为多种酶的主要活性成分而发挥着重要作用，如过氧化氢酶、过氧化物酶、细胞色素酶等，这些都是呼吸酶不可缺少的成分。铁在生物体内，主要以贮藏型的血清铁蛋白和输送型的转铁蛋白的形态而存[82,83]。铁富含于肝脏、羊栖菜（海藻中的褐藻）、肉类、鱼贝类、绿色蔬菜、豆类中，若膳食平衡即可获得所需的量。若人体缺乏铁元素，可服用铁与高分子蛋白结合的药物[84]；当养殖鱼类（如真鲷）缺铁时，可投喂含铁的饵料[85]。铁也有毒副作用，如大量服用了铁剂的儿童会急性中毒，也有因人体内铁的积累量过多而引起慢性中毒的报道。除此之外，也有如因工厂的铁粉而造成慢性中毒的例子[50]。因此，铁同锌一样，只要不达到使水变红的浓度，铁的溶解生成物完全不会对海洋环境和生物体带来危害。

2.9.5 其他金属元素

1）铜及铜合金

众所周知，铜存在于甲壳类及软体动物血液的血浆血蓝蛋白中，生物体内的铜酶对人及动植物来说有着举足轻重的作用。人体中的铜总量为 100~150 mg，多存在于肝脏，其次为大脑。与铁相同，铜对血红蛋白的合成非常重要，人体每天的摄入量应为 2~5 mg，大部分由食物获得。若缺乏铜元素，可致贫血、影响发育、胃部不适、毛发变色、繁殖力下降、心脏血管畸形等[86]。铜缺乏症的临床症状多因含铜酶的活性低下而引起[87]，故世界卫生组织（WHO）和联合国粮农组织（FAO）规定婴幼儿奶粉中添加锌的同时必须添加最低需求量的铜元素（0.4 mg/L）[48]。铜在海水中有防污作用但容易被腐蚀，所以现在没有用单一铜线做金属网箱的，用的都是铜合金材料的白铜线（90Cu-10Ni）。将金属元素合金化的目的是增加其强度以便于加工，且提高防蚀功能。如表 2.19 所示，白铜中，若 Ni（镍）成分增多，则防污性变差，但耐腐性增强[88,89]。

表 2.19　Cu-Ni 合金的构成及腐蚀量

合金成分（%）	全腐蚀量 [mg/（dm² · d）]	铜腐蚀量的计算值 [mg/（dm² · d）]	有无 附着生物
100Cu-0Ni	37	37	无
80Cu-20Ni	45	36	无
70Cu-30Ni	78	54	无
60Cu-40Ni	83	50	无
50Cu-50Ni	72	36	无
40Cu-60Ni	4.2	1.7	有
30Cu-70Ni	0.1	0.03	有
20Cu-80Ni	0.1	0.020	有
10Cu-90Ni	0.07	0.007	有

2）钛

钛的耐腐性极强，广泛应用于以海水为冷却水的热换器、冷凝器的冷却管及管板等。因其与生物的生理机能无任何关系，几乎无药理作用，故亦应用于化妆品及医药制剂中[34]。

3）不锈钢

不锈钢为铁元素中加入镍（Ni）和铬（Cr）的耐腐合金。在大气环境和淡水环境中有极优的耐腐性，代表性品种为奥氏体不锈钢，它的成分为18%Cr-8%Ni，广泛应用于配管类（供水、供热）、管槽类（水槽、浴槽、热水箱）、热水器、厨房用具、化工厂的热交换器、建筑及车用材料等。不锈钢的特点并不是金属本身无反应，而是有一层防蚀薄膜，这种薄膜被称为"钝化膜"，表面具有电化学中的高电位，钝化膜厚度约为 1 nm，非常薄，为透明且特殊的氧化物。生成钝化膜的金属元素有钛、铬、铝等，尤其是钛钝化膜在常温海水中，不受腐蚀。

不锈钢的耐腐性受腐蚀环境制约，在强酸、强碱或含有卤素化合物的溶液中，钝化膜被局部或全部破坏而形成腐蚀[90]。若不锈钢处于含有氯离子（如海水）的环境中，当不锈钢相互重叠或表面有贝类附着时，会产生极其细小的缝隙，缝隙内的海水无法循环，随着时间的推移，氯离子（Cl^-）浓度上升，pH 值下降，普通不锈钢（如 SUS-304）的钝化膜经受不住，缝隙内表面变为阳极，外表面变为阴极，从而产生腐蚀[91]，因此海水环境下，一般使用添加了钼（Mo）的耐海水腐蚀的奥氏体不锈钢（SUS-316，316L，317）。虽然不锈钢在常温的海水中可以抵抗点蚀，但还会发生缝隙腐蚀。

参考文献

[1]　関西金網懇話会．金網標準重量表．大阪：三精印刷社，1969：110.

[2]　森永孝三，泉　純一．鉄鋼材料便覧（日本金属学会・日本鉄鋼協会共編）．東京：丸善，1967：505-523.

[3]　平野慎吾．私信．

[4]　西岡多三郎，堀　哲，安国幸雄．ワイヤーロープ便覧．東京：白亜書房，1967：74-91.

[5]　渡辺昭二．金属表面技術便覧改訂新版．東京：日刊工業新聞社，1976：505-512.

[6]　桑　守彦．金網生簀に関する研究-Ⅱ，金網における亜鉛めっきの耐食性．水産土木，1983，19（2）：9-20.

[7]　成田貴一，小山伸二．鉄鋼材料便覧（日本金属学会・日本鉄鋼協会共編）．東京：丸善，1967：

535-553.

[8] 富岡敬之. ワイヤーロープ便覧. 東京: 白亜書房, 1967: 130-145.

[9] Australian Wire Industries Pty., Ltd. Technical Report, A new speed for gaswiping of galvanized steel wires at higher speeds. At the wire association annual convention in New York, October 1970, 16pp.

[10] 川畑義則. 亜鉛ハンドブック. 東京: 日本鉛亜鉛需要研究会, 1977: 236-239.

[11] 勝山隆善. 溶融亜鉛めっき. 東京: 理工図書, 1968: 2-7.

[12] Vickers R. Commercial hot dip galvanizing of fabricated items. Mater. Protec., 1962, 1 (1): 30-39.

[13] 友野理平, 市岡 敏. 電気亜鉛めっきと溶融亜鉛めっきの耐食性の比較, 第2報. 防錆管理, 10 (2): 49-58.

[14] 桑 守彦. 金網生簀に関する研究, I. 金網及び生簀構造. 水産土木, 1980, 17 (1): 11-32.

[15] 西村和美, 片山喜一郎, 木村智明, 山口輝雄, 伊藤雅彦. 連続亜鉛めっき製品の品質向上に関する新技術. 日立評論, 1983, 65 (2): 1-36.

[16] 寺垣俊久, 辻宗一. 鉄鋼便覧第3版, 鉄鋼材料, 試験, 分析 (日本鉄鋼協会編). 東京: 丸善, 1981: 257-262.

[17] Poubaix M. Atlas of electrochemical equilibria aqueous solutions. Houston: National Association of Corrosion Engineers, 1974: 406-413.

[18] Poubaix M. ibid. pp. 307-321.

[19] Zhuck N P. The protective potential of steel. Zhurnal Fijicheskoi Khimii, 1954, 28: 1869-1871.
久保田 広訳. 鋼の電位. 防食技術, 1955, 4 (6): 257-258.

[20] 白水 司, 海野武人, 武藤憲司. 軟鋼の腐食挙動におよぼす硫酸塩還元菌の影響. 防食技術, 1974, 23 (8): 393-398.

[21] Blum W, A Brenner. Zinc coatings on steel. The Corrosion Handbook, Ed. by H H Uhlig, Jhon Wiley & Sons Inc., New York, 1948: 803-816.

[22] 勝山隆善. 溶融亜鉛めっき. 東京: 理工図書, 1968: 197-216.

[23] 線材製品協会, 日本線材製品輸出組合. 線材製品読本. 東京: 鉄鋼産業研究所, 1974: 47-48, 94-97.

[24] 川源浩美. 金網生簀とその管理の実際. 養殖, 1989, 26 (8): 56-58.

[25] Milne P H. 水産養殖における籠生簀, 網囲いの設計および設置場所の選択. 水産庁訳編: FAO 水産増殖国際会議論文集 (III) (FIR. AQ/Conf/76/R. 26), 1976: 60-69.

[26] 桑 守彦. 金網生簀の腐食と防食. 日本水産学会誌, 1983, 49 (2): 165-175.

[27] Anderson E A. Zinc in marine environments. Corrosion, 1959, 15 (8): 409t-412t.

[28] Forgeson B W, C R Southwell, A I Alexander, et al. Corrosion of metals in tropical environments. Corrosion, 1958, 4 (2): 73t-81t.

[29] Peterson M H, T J Lennox Jr. The effect of exposure conditions on the corrosion of mind steel, Copper and Zinc in seawater. Mater. Perform, 1984, 23 (3): 15-18.

[30] Burns R M, W W Bradley. Protective coatings for metals. 2nd edition. New York: Reinhold Publishing Co. Ltd., 1955: 66-47.

[31] 伊藤 尚. 溶融メッキ (亜鉛および錫) による防食. 防食技術, 1968, 17 (2): 29-37.

[32] 藤井純英, 吹金原 肇, 神吉長一郎. 溶融亜鉛メッキ鋼線と電気亜鉛めっき鋼線の耐食性. 神戸製鋼技報R&D, 1977, 28 (2): 89-93.

[33] Teel R B, D B Anderson. The effect of iron in galvanic zinc anodes in sea water. Corrosion, 1956, 12 (7): 343t-349t.

[34] 吉利 和, 石川浩一, 真下哲明. 無機物, 消毒薬, 殺虫薬・局所に作用する薬物. 臨床薬理学大系第14巻. 東京: 中山書店, 1966: 3-80.

［35］　重松垣信．海水中の微量成分．日本海水学会誌，1968，21（6）：221-229.

［36］　和田　攻．金属とヒト，エコトキシコロジーと臨床．東京：朝倉書店，1985：26-57.

［37］　北川晴雄．毒性学．東京：南江堂，1986：6-10.

［38］　一例として，化学大辞典．東京：東京化学同人，1989：1082.

［39］　神岡浪子．日本の公害史．東京：世界書院，1987：17-29.

［40］　川名英之．ドキュメント日本の公害，第 3 巻，薬害・食品関係．東京：緑風出版，1989：238-244.

［41］　寺西俊一，畑明　郎．環境大事典．東京：工業調査会，1998：56-57.

［42］　宮崎信之．恐るべき海洋汚染・有害物質に含まれる哺乳類．東京：合同出版，1992：69-70.

［43］　川名英之．ドキュメント日本の公害，第 1 巻，公害の激化．東京：緑風出版，1987：91-148.

［44］　宮本憲一．公害の同時時代史．東京：平凡社，1984：221.

［45］　小島正美．海と魚たちの警告．東京：北斗出版，1992：91-95.

［46］　川崎　健．海の環境学．東京：新日本出版社，1993：82-89.

［47］　通商産業省．公害防止の技術と法規，水質編．東京：産業公害防止協会，1976：63-65.

［48］　日本乳業協議会．育児用粉乳の銅・亜鉛・牛乳・乳製品消費者相談室，Q&A 集，1990：41.

［49］　川瀬興三．ミルク総合辞典（山内邦夫・横山健吉編）．東京：朝倉書店，1992：298-322.

［50］　和田　攻，石川晋介，真鍋重夫，小松真一．必須金属と欠乏症．臨床医，1982，8（10）：12-15.

［51］　多田　冶．要害物管理のための測定法，無機編上．東京：労働化学研究所出版部，1967：35-37.

［52］　堀口　博．公害と害，危険物無機編．東京：三共出版，1971：235-240.

［53］　Vallee B L. Zinc-its relationship to health and disease. Zinc abstract, 1970, 28（12）：6719-6829.

［54］　渋谷真一．生物界における亜鉛の存在．無機化学全書Ⅷ，亜鉛（杉浦新之助編），pp. 380-397, 丸善，1962，pp. 19-28.

［55］　日本鉄鋼協会．生命をささえるミネラルたち.ふぇらむ，1996，1（11）：811-813.

［56］　山根靖弘．生体における微量金属の役割と亜鉛の代謝生理について.微量金属代謝，1975，第 1 集：1-9.

［57］　野田宏之．海藻ミネラルの生理的活性．化学工業，1987，38（4）：326-331.

［58］　Hughes B O, W A Dewar. A specific appetite in depleted domestic fowls. Brit. Poult. Sci., 1971, 12：255-258.

［59］　山根靖弘．亜鉛による水銀の毒性低下作用に関する研究．微量金属代謝，1976，第 2 集：15-20.

［60］　柏原典雄，吉原大二，小林佳子，近藤　敏．微量金属欠乏症の動物モデル，カニクイザルにおける亜鉛欠乏症例．小児科臨床，1980，33（11）：2263-2272.

［61］　柏原典雄，丸山博隆，小林佳子，近藤　敏.ラットの発育と血液性状および臓器亜鉛濃度に及ぼす亜鉛欠乏の影響．栄養と食料，1982，35（4）：281-290.

［62］　Stuain W H. 亜鉛-男性のための金属（和訳文）．鉛と亜鉛，1971，（41）：47-63.

［63］　杉浦文雄．亜鉛が人体に及ぼす影響について．表面処理ジャーナル，1971，（7）：59-64.

［64］　Vahrenkamp H. No life without zinc. Proc. 17th Int. Galvan. Conf. '94 Paris, 8pp., European Galvanizing Association, 1994.

［65］　高木洋治，岡田　正．亜鉛・銅欠乏症の治療．臨床医，1982，8（10）：136-139.

［66］　Ogino C, G Y Yang. Requirement of rainbow trout for dietary zinc. Bull. Jap. Soc. Sci. Fish., 1978, 44：1015-1018.

［67］　萩野珍吉，楊　洸洋.コイの亜鉛欠乏症および要求量．日本水産学会誌，1979，45：967-969.

［68］　矢野　純．魚貝藻類重金属含有量調査．昭和 48 年度愛媛県水産試験場事業報告，1974：241-242.

［69］　矢野　純．魚貝藻類重金属含有量調査．昭和 49 年度愛媛県水産試験場事業報告，1975：301.

［70］ White S L, P S Rainbow. On the metabolic requirement for copper and zinc in mollusks and crustaceans. Mar. Envir. Res. , 1985, 1: 215-229.

［71］ 日本水道鋼管協会. 水道用鋼管の特性と品質管理. 水道協会雑誌, 1996, 65 (3): 41-66.

［72］ 児玉伊知郎. 亜鉛の原料. 亜鉛ハンドブック (日本亜鉛需要研究会編). 日刊工業新聞社, 1977: 22-25.

［73］ 浅見輝男. 日本土壌の金属汚染. 東京: アグネ技術センター, 2001: 43-47.

［74］ 田中　宏. 金属資源シリーズ, 亜鉛. 鉄と鋼, 1982, 68 (8): 923-929.

［75］ 土橋　誠. 銅精錬と亜鉛精錬. 表面技術, 1996, 47 (6): 44.

［76］ 浜田秀樹, 出口武典. 亜鉛腐食生成物の生成機構. 防錆管理, 1994, 38: 453-459.

［77］ 勝山隆善. 溶融亜鉛めっき. 東京: 理工図書, 1968: 209-216.

［78］ 三澤俊平. 鉄鋼の湿食形態と腐食生成物. 日本金属学会報, 1985, 24 (3): 201-210.

［79］ 三澤俊平. 鉄錆の生成機構. 防錆管理, 1994, 38: 408-416.

［80］ 大庭忠彦, 鈴木利枝, 臼井英智, 仲谷伸一, 桑　守彦, 中沢真吉. 金属の水酸化物面に対するイガイ類の付着忌避. Sessile Organisms, 1999, 15 (2): 9-14.

［81］ 吉川　博. 微量金属と生体. 臨床検査, 1980, 24 (7): 775-782.

［82］ 竹内重雄. 生体必須金属としての重金属. 金属, 1992, 62 (12): 12-17.

［83］ 山根靖弘. 微量金属の生理作用. 化学工業, 1987, 38 (4): 305-310.

［84］ 川波祥子. からだの健康と鉄分の補給. ふえらむ, 1999, 4 (11): 44-47.

［85］ Sakamoto S, Y Yone. Availabilities of three compounds as dietary iron sources for red sea bream. Bull. Jap. Soc. Sci. Fish. , 1979, 45: 231-235.

［86］ 山根靖弘. 微量金属の生理作用. 化学工業, 1987, 38 (4): 305-310.

［87］ 長橋　婕. 必須金属の生体内の代謝. 臨床医, 1982, 8 (10): 1547-1550.

［88］ LaQue F L, W F Clapp. Relationships between corrosion and fouling of copper-nickel alloys in sea water. Trans, Electrochem Soc. , 1945, 87: 103-125.

［89］ Effird K D, Anderson D B. Sea water corrosion of 90－10 and 70－30 Cu－Ni: 14 years exposure. Mater. Perf. , 1975, 14 (11): 37-40.

［90］ 伊東直也. ステンレス鋼, 金属防蝕技術便覧. 東京: 日刊工業新聞社, 1972: 294-232.

［91］ 松島　厳. トコトンやさしい錆の本. 東京: 日刊工業新聞社, 2002: 9-11.

第3章 网箱的结构

3.1 基本结构与形状

浮式网箱最常见的有方形网箱和圆形网箱,如图3.1所示,方形网箱多为正方形,但也有五边形和七边形。图3.2为方形与圆形金属网箱的截面图,其基本结构为:养殖鱼类的网囊固定且垂于浮框下,浮架的外框与金属网箱的底框间用吊绳连接。网囊由侧网和底网构成,两个网由底框连结,底框(沉框)一般为钢管制成,有的方形网箱的底框也由粗铁丝代替。浮架系统由浮框和浮子组成,浮框主要为钢管材质,再装配泡沫浮子。

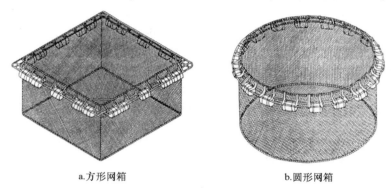

a.方形网箱   b.圆形网箱

图3.1 金属网箱外观构造

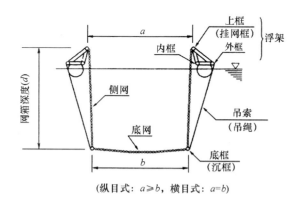

(纵目式:$a \geqslant b$,横目式:$a=b$)

图3.2 金属网箱基本结构截面

按照钢制浮架的截面类型来分,其基本结构分为两种:将上框、外框和内框组合一起的桁架型和平面型。网囊的上端(侧网上端)固定在浮架上框(挂网框),所用的吊绳多为直

56

径 φ16~30 mm 的化纤绳、方形网箱的吊绳固定在四角和各边的中间部分，圆形网箱的吊绳按所需数量等间隔固定，这样能够加强侧网的牢固程度。新安装网囊时，先压缩网衣，再将吊绳临时固定在浮框上，待拖曳到系泊地点后，再一点一点地放下网衣。

网箱形状是指固定在浮框上的网衣的形状，方形网箱以长×宽×深度（m）来表示，圆形网箱以网口直径（φ）×深度（m）来表示，例如方形网箱 10 m×10 m×8 m，圆形网箱 φ30 m×15 m。网箱的种类和形状因海面利用方式、养殖鱼类及放养尾数、安装环境等而不同，表 3.1 总括了目前所使用的方形和圆形网箱的形状。

表 3.1　网箱形状

方形网箱		圆形网箱	
长×宽（m）	深度（m）	直径（φ m）	深度（m）
6×6	4~6	8	6~8
7×7	4~7	10	6~10
8×8	4~8	12	6~12
9×9	5~9	15	6~15
10×10	5~10	20	6~15
12×12	5~12	25	7~15
15×15	5~15	30	7~15
20×20	5~15	42	7~15

3.2　钢结构网箱框架的组成材料

网箱框架的主材为钢管，辅材由扁钢、L 型钢或 H 型钢等组合使用。表 3.2~3.5 中列出了用于网箱框架的主要钢材的种类、机械性能、化学成分及按 JIS 规格的钢铁标准汇编中摘录的适用钢管管径。常用的钢管为白管，又被称为煤气管，属于普通管系用碳钢管（SGP）。比煤气管在机械性能方面更优的是压力管道用碳钢管（STPG）与高压管道用碳钢管（STS），主要适用于外海海域的圆形网箱框架。除此之外，根据使用环境，为了保持使用过程中的高强度，也可选用管壁更厚的无缝钢管（SCH，No. 40~60）。而方形钢管（STKR）只适用于平面型方形金属网箱的浮框及其辅助设备。当然，浮框除了钢管材质之外，还有将钢管框架固定在钢板制成浮体上的圆形框架[1]，或是由直径 φ26~36 mm 的钢筋混凝土用圆钢（SD 钢）捆扎而成的浮框。此外，也有用铝合金和钢化玻璃（FRP）制成的浮框。

表 3.2　钢材名称及其机械性能

钢管及其他钢材名称	规　　格		抗拉强度（kgf/mm²）	屈服点（kgf/mm²）	定尺长度（m）
	JIS	型号			
普通管系用碳钢管	G-3452	SGP	30 以上	—	5.5
一般结构用碳钢管	G-3444	STK 400 STK 500	41 以上 51 以上	24 以上 36 以上	5.5, 6, 12

钢管及其他钢材名称	规　格		抗拉强度	屈服点	定尺长度
	JIS	型号	（kgf/mm²）	（kgf/mm²）	（m）
压力管道用碳钢管	G-3454	STPG 370	38 以上	22 以上	5.5
		STPG 410	42 以上	35 以上	
高压管道用碳钢管	G-3455	STS 370	38 以上	22 以上	—
		STS 410	42 以上	35 以上	
普通结构用方形碳钢管	G-3466	STKR 400	41 以上	25 以上	6，8，10，12
一般结构用轧制钢材	G-3101	SS 400	41~52	25 以上	—
焊接结构用轧制钢材	G-3106	SM 400B	46 以上	29 以上	—
钢筋混凝土用圆钢	G-3112	SD 295A	30 以上	45~61	3.5≤L≤12

在钢材机械性能中，屈服点是指试样在拉伸过程中不增加力（保持恒定）仍能继续伸长时的应力。在屈服强度范围内使用时，对基础材料不会产生影响，但拉伸应力一旦超过屈服点，材料就会断裂，直至断裂为止基础材料所受的最大拉伸应力称为拉伸强度（图 3.3）[2]。

钢材的化学成分中，磷（P）与硫（S）为不纯物，其含量的多少决定了钢材的硬度。在加入了微量的碳（C）、硅（Si）、锰（Mn）的钢管中，若碳（C）含量高，其硬度高且脆，若碳含量低，则柔软有韧性；硅（Si）能增加柔韧性；锰能增强耐磨性与可焊接性[2]。当然，这些化学成分对钢材的耐腐蚀性没有任何影响，而且不同的钢材其可切削性、机械强度及成分等也存在差异，故网箱框架常使用抗拉强度高、管径大且管壁厚的钢材。圆形框架由于采用拱形设计，其强度优于使用同一钢管的方形框架。

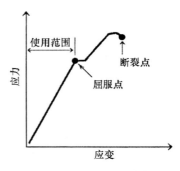

图 3.3　钢材的应力-应变力

表 3.3　钢材的化学成分

钢材名称	化学成分（%，铁的残留量）				
	C	Si	Mn	P	S
普通管系用碳钢管	—	—	—	0.040 以下	0.040 以下
一般结构用碳钢管	0.25 以下	—	—	0.040 以下	0.040 以下
	0.24 以下	0.35 以下	0.30~1.00	0.040 以下	0.040 以下
压力管道用碳钢管	0.25 以下	0.35 以下	0.30~0.90	0.040 以下	0.040 以下
	0.30 以下	0.35 以下	0.30~1.00	0.040 以下	0.040 以下
高压管道用碳钢管	0.25 以下	0.10~0.35	0.30~1.10	0.035 以下	0.035 以下
	0.30 以下	0.10~0.35	0.30~1.40	0.035 以下	0.035 以下
普通结构用方形碳钢管	0.25 以下	—	—	0.040 以下	0.040 以下
一般结构用轧制钢材	—	—	—	0.050 以下	0.050 以下
焊接结构用轧制钢材	0.20 以下	0.35 以下	0.60~1.40	0.035 以下	0.035 以下
钢筋混凝土用圆钢	—	—	—	0.050 以下	0.050 以下

表 3.4　钢管的规格、外径、壁厚及截面面积

钢管种类	普通管系用碳钢管（SGP）				一般结构用碳钢管（STK）			压力管道、高压管道用碳钢管（STPG、STS）*			
规格	外径（mm）	壁厚（mm）	重量（kg/m）	截面面积（cm²）	壁厚（mm）	重量（kg/m）	截面面积（cm²）	SCH No.	壁厚（mm）	重量（kg/m）	截面面积（cm²）
25A	34.0	3.2	2.43	3.096	2.2	1.73	2.198				
32A	42.7	3.5	3.38	4.310	2.3	2.29	2.941				
40A	48.6	3.5	3.89	4.959	2.3	2.63	3.345				
50A	60.5	3.8	5.31	6.769	2.3	3.30	4.205	40	3.9	5.44	6.935
					3.2	4.52	5.760	60	4.9	6.72	8.559
					4.0	5.57	7.100	80	5.5	7.46	9.503
65A	76.3	4.2	7.47	9.513	2.8	5.08	6.405	40	5.2	9.12	11.615
					3.2	5.77	7.349	60	6.0	10.40	13.251
					5.0	8.79	11.200	80	7.0	12.00	15.244
80A	89.1	4.2	8.79	11.202	3.2	6.78	8.836	40	5.5	11.30	14.445
					4.0	8.39	10.694	60	6.6	13.40	17.106
					5.5	11.30	14.445	80	7.6	15.30	19.459

＊ SCH 指无缝管的规格；表中无 STS 中 SCH60 的数据。

表 3.5　方形钢管（STKR）

截面形状（长×宽，mm）	壁厚（mm）	重量（kg/m）	截面面积（cm²）
100×50	2.3	5.14	6.652
100×50	3.2	7.01	8.927
75×45	2.3	4.06	5.172
75×45	3.2	5.50	7.007
50×50	2.3	3.34	4.252
50×50	3.2	4.50	5.727

3.3　网箱框架的焊接

钢结构网箱框架采用气体保护电弧焊方法焊接（图 3.4）。该焊接法是将涂上一定厚度焊剂的电弧焊条放入支架固定，作为电极，在电极与母材间通过交流电或直流电（日本几乎为交流电）使之产生电弧，利用电弧的高温来对母材的局部进行焊接，同时将焊芯在焊条上移动，与母材金属熔合形成焊缝，从而使焊芯本身熔化，作为填充金属完成焊接[3]。网箱框架用的钢管和钢管之间的焊接如图 3.5 所示，详解如下。直管部位根据外力强弱而焊接方式不同，内湾普通养殖网箱框架的焊接一般采用如图 3.5a 所示的直管简易焊接方式，即利用"连接管"来进行钢管间的焊接；对离岸深水养殖网箱框架，为了保证其结构整体性，

采用在连接管上加上圆钢的复合焊接方式，如图 3.5b 所示。对于圆形网箱框架来说，它由"段"构成，且每段框架的跨距要求在所用钢管的定尺内，故一般不使用连接管，其 T 形处一般采用图 3.5c 所示的无缝焊接。对于热镀锌钢管框架，为了避免钢管因镀锌浸渍时的热膨胀而断裂，其连接方式如图 3.5d 所示，热浸镀锌管框架每段钢管的通气孔贯通后再焊接[4]。

a.方形框架的工厂焊接　　　　b.圆形框架的现场焊接

图 3.4　网箱框架的制作情况

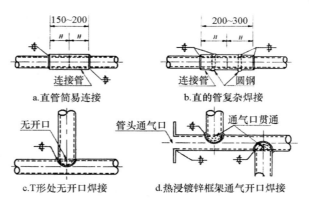

图 3.5　网箱框架钢管的连接示例（单位：mm）

3.4　网箱框架的种类

钢制浮架的种类及型号如表 3.6 所示，代表性的浮架如图 3.6 所示。关于浮架的分类，根据表面处理方式不同，分为钢管（白管）框架、涂层框架、树脂衬里框架及热浸镀锌框架四种；根据构造不同，分为立体桁架型和平面型两种；根据组装方式不同，分为焊接一体式、法兰式及转角连接式三种。其中，白管框架由镀锌碳钢管（SGP）制成，其焊接表面及周边 10 cm 范围内的钢管表面，均做了简单的防锈涂漆处理，但由于腐蚀往往从焊接处开始，导致框架强度减弱，所以金属网箱的白管框架在使用几年后，会转用于化纤网衣的框架。涂层框架一般涂刷环氧树脂系列的热固性高分子材料。树脂衬里框架，是指包覆 FRP 树脂之类的，主要用于铜合金或钛丝网衣的框架，其作用是阻断金属网衣与框架之间的电流接触。热浸镀锌框架，由裸钢管分段焊接而成，制成网箱框架后，以段为单位进行热镀锌处理，使框架所有表面形成均一厚度的镀锌膜，有极强的耐腐蚀性。浮框的结构有立体桁架型和平面型两种，前者大部分以钢管为主要材料构成，也有棒钢材质的，其基本结构与钢管材质相同。

表 3.6 钢制网箱框架的分类

1. 根据表面处理分类

名　称	表面状态	备注
① 钢管（白管）框架	仅焊接处做简易防锈涂层	焊接一体式
② 涂层框架	环氧树脂涂层、重防腐涂层等	焊接一体式、转角连接式
③ 树脂衬里框架	FRP 衬里等	焊接一体式、法兰式、转角连接式
④ 热浸镀锌框架	厚镀锌层	法兰式、转角连接式

2. 根据结构分类

名　称	浮架种类	备注
① 桁架型	钢管型（同轴型、分散型）	焊接一体式、法兰式、转角连接式
	支架型（扁钢）	法兰式
	角型（L 型钢）	法兰式
	棒钢（SD 钢）	法兰式
② 平面型	方形钢管平面安装	转角连接式

3. 根据组装方式分类

名　称	构成内容	备注
① 焊接一体式	全部构件焊接为一体	钢管框架、涂层框架、方形-圆形网箱
② 法兰式	角型连接	钢管-SD 钢框架、圆形网箱
	支架型连接	钢管框架、方形网箱
	垫片连接	钢管框架、方形网箱
③ 转角连接式	网箱四角用 U 形螺栓连接	SGP 桁架-STKR 平面型方形网箱

图 3.6　浮框分类

a. 焊接一体式钢管框架的除锈作业；b. 平面型浮框的热浸镀锌情况；

c. φ15 cm 角型浮框；d. φ12 cm 支架型浮框

61

3.5 浮框的构成

3.5.1 钢管桁架结构

钢管桁架的横截面结构如图3.7所示。图3.7中a为一般常见结构，为避免浮子与侧网接触，在网箱内侧安装用于固定侧网上部的上框（P₁），P₁、P₂、P₃构成不等边桁架。图3.7中b为等腰三角形桁架结构，它是为了解决水面上部金属网的腐蚀问题而设计的，在上框（P₁）与内框（P₂）之间可安装化纤网或可以更换的金属网，也有如图3.8所示的将内框（P₂）作为侧网固定框的设计。

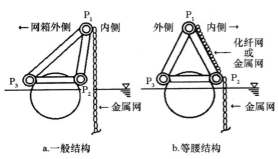

图3.7　桁架型钢管浮框的截面图　　　　　　图3.8　钢管式桁架型等腰浮框

钢管桁架型浮框，如图3.9所示，根据三根主要连接构件不同，分为钢管型、支架型、角型三种。钢管型是用钢管制成的连接材料，横框（P₄）、斜框（P₅）及竖框（P₆）等间隔或同轴安装，作为连接材料的钢管直径通常要比P₁~P₃的主材钢管直径小一个等级，例如主材钢管为SGP50A，连接构件就为SGP40A。支架型是指使用扁钢支架作为连接构件，角型是指使用等边或不等边的L型角钢作为连接构件，这两种类型多用于直径超过φ15 m的大型圆形浮框，且大多为分段组装的热浸镀锌框架。热浸镀锌框架的连接构件不采用钢管，其目的是省去如图3.5中d所示的钢管开口通气时的焊接工序。

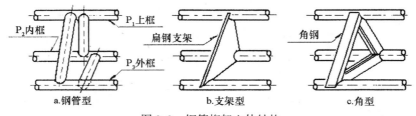

图3.9　钢管桁架立体结构

3.5.2 焊接一体式

焊接一体式的特点是不用法兰盘等连接材料，只用钢管，并将其焊接为一体。其浮架大部分是由普通管系碳钢管（SGP）组成，由网箱密集地带的海边工厂接单生产。该网箱框架作为专用浮框，广泛应用于有防波堤掩护的养殖场及内湾。方形框架用于内湾深处，圆形框架用于内湾中央，代表性的方形、圆形浮框如图3.10所示。

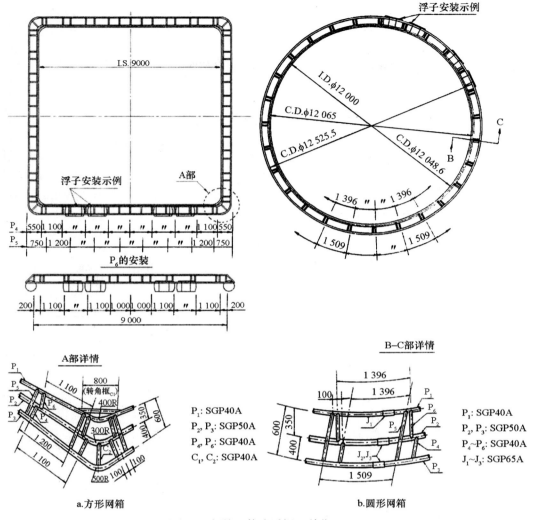

图 3.10　焊接一体式浮框（单位：mm）

3.5.3　法兰式

　　方形框架通常由四部分组成，而圆形框架由等长分割段组成，运到现场之后，由每段两端的法兰面用螺丝螺母连接成为一体。如图 3.11 所示，法兰连接处的连接方式有三种：角式、支架式和垫片式。角式是用螺丝螺母连接两个等边或不等边角钢（L 型钢）平面，它特别适用于大型圆形框架；支架式（扁钢）和垫片式主要适用于方形框架。法兰式大部分要采用热浸镀锌框架，如果养殖场附近没有生产网箱框架的工厂，即在无法购买焊接一体式浮架的海域，也可使用分割开来的焊接一体式钢管（白管）框架组装。

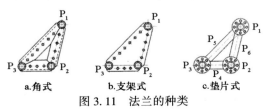

图 3.11　法兰的种类

图 3.12 是安装方形框架法兰连接处的个例，图中法兰连接部位被安装在各个转角处的附近。另外，组装前的每段框架，受运输所限，最大长度限于 12~15 m。

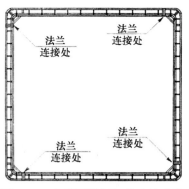

图 3.12　方形网箱框架的法兰连接

圆形网箱框架每段的长度一般在 10 m 以内，每段根据圆形网口大小来连接，主要用于直径超过 φ15 m 的大型圆形网箱，用来养殖需要大体积游动空间的鱼种，如多年生的鲕鱼及蓝鳍金枪鱼等。图 3.13 为法兰式浮框的个例，它是直径 φ18 m 的蓝鳍金枪鱼养殖网箱的热浸镀锌圆形框架，该网箱框架由 11 段组成，每段长度为 5.548 m，上、内、外三根钢管框架（$P_1 \sim P_3$）由板厚 12 mm 的飞镖型的支架焊接而成，为桁架结构，各段的两端由 L 型钢制法兰焊接，使用的钢管为 SGP 管，上框的公称通径（P_1）为 50A，内、外框的公称通径（P_2 和 P_3）均为 65A。与该网箱框架相同构造的直径为 φ30 m 的圆形网箱框架，适用的钢管直径：$P_1 = 65A$，$P_2 = P_3 = 80A$，在外海海域，也可采用高压管道用碳钢管（STS）或压力管道用碳钢管（STPG）管。

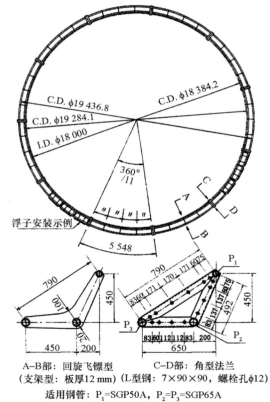

A–B部：回旋飞镖型
（支架型：板厚12 mm）（L型钢：7×90×90，螺栓孔φ12）
C–D部：角型法兰
适用钢管：P_1=SGP50A，P_2=P_3=SGP65A
图 3.13　直径 φ18 m 法兰式圆形浮框（单位：mm）

3.5.4　转角连接式

方形网箱专用的浮框有桁架型和平面型两种，将正方形的四个边以每一边为一段，分成四段，运到现场后，用 U 型螺丝螺母将各转角连接为一体。图 3.14 表示的是两种类型浮框的系泊情况。如图 3.15 所示，桁架型浮框的主管和连接材料都采用 SGP 管，由 A、B 两段构成，两段的上框（P_1）连接在同一直线上。如图 3.16 所示，平面型浮框包括连接材料在内，全部都采用方形钢管（STKR 管），网箱固定框和浮子固定框及连接材料均安装在同一平面上，热浸镀锌材料需要全管通气焊接。转角连接式的每段材料，受运输所限，最大长度为 15 m，但由于平面型浮框每段的单位重量相对较轻，形状也适合大量运输，因此，无论是金属网网箱还是化纤网网箱，均广泛应用于内湾养殖。

a.连接桁架型浮框   b.平面型浮框和围挡网

图 3.14　转角连接式浮框

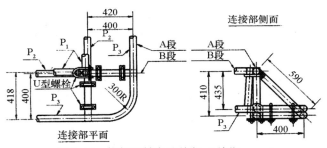

图 3.15　桁架型转角连接部（单位：mm）

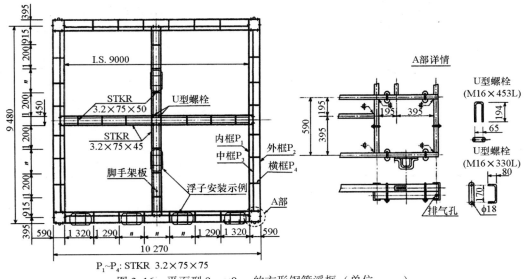

$P_1 \sim P_4$: STKR $3.2 \times 75 \times 75$

图 3.16　平面型 9 m×9 m 的方形钢管浮框（单位：mm）

3.6 浮子与浮框的固定

3.6.1 浮子安装数量的计算

安装在浮框上的浮子，可采用中空硬材质的合成树脂，一般情况下多用浮力 200~300 kg/个、直径为 φ500~600 mm、长度为 1 000~1 200 mm 的发泡聚苯乙烯制品（表 3.7）。为了应对浮子表面的附着生物和紫外线照射产生的脆化问题，如图 3.17 所示，浮子用结实的纱布塑料袋包覆后，再用化纤绳固定在浮框上。浮子通常要包裹两层，当第一层被生物污损时，可剥离该层。这种浮子即使包覆层破损后被海鸟啄食，也具有轻便、强韧、耐海水腐蚀的优良性能。

图 3.17　浮框浮子安装示例

计算网箱浮子数量，可先计算最小浮力 F_u，计算公式如下[5]：

$$F_u > W_1 + W_2 + W_3 + W_4 + M \tag{3.1}$$

式中，W_1 为浮框重量；W_2 为侧网水上部分的重量（通常以上框正下方 50 cm 处作为计算范围）；W_3 为水下金属网的重量；W_4 为水中底框的重量（化纤网网箱情况下为沉子的重量）；M 为作业用的脚手架、投饵器、作业人员的重量等。

实际的浮力，要考虑到潮汐力及附着生物的重量等因素，一般采用上述计算值 F_u 的 3~4 倍。表 3.8 中所示的最小浮力及浮子数量可作为参考，表中所用网箱为图 3.10 所示的方形和圆形网箱，网衣形状为 φ3.2 mm×50 mm 的菱形金属网，网囊深度为 6 m。

表 3.7　浮子的形状和浮力

φa×L（mm）	浮力（kg）	φa×L（mm）	浮力（kg）
350×550	53	560×900	200
450×680	110	600×1 050	270
—	—	670×1 150	400
—	—	800×1 100	500

注：浮子材质为发泡聚苯乙烯，由 A 公司制造。

表 3.8　浮框与浮子安装示例

网箱形状（上框×深度）			方形网箱 9 m×9 m×6 m		圆形网箱 φ12 m×6 m	
1. 浮框 *			上框：9 m×9 m（图 3.10）		上框：φ12 m（图 3.10）	
构件	规格	（kg/m）	尺寸和数量	重量（kg）	尺寸和数量	重量（kg）
上框（P_1）	40A	3.89	全长 35 310 mm	136.38	全长 37 850 mm	147.24
内框（P_2）	50A	5.31	全长 36 420 mm	193.39	全长 37 900 mm	201.25
外框（P_3）	50A	5.31	全长 38 640 mm	205.18	全长 39 350 mm	208.95
横框（P_4）	40A	3.89	460 mm/根×36 根	64.42	460 mm/根×27 根	48.32
斜框（P_5）	40A	3.89	650 mm×32 mm	80.91	650 mm×27 mm	68.27
竖框（P_6）	40A	3.89	410 mm×36 mm	57.42	410 mm×27 mm	43.06
上框连接管（J_1）	50A	5.31	150 mm×4 mm	3.19	200 mm×7 mm	7.43
内框连接管（J_2）	65A	7.47	200 mm×4 mm	5.98	200 mm×7 mm	10.46
外框连接管（J_3）	65A	7.47	200 mm×4 mm	5.98	200 mm×7 mm	10.46
转角上框（C_1）	40A	3.89	800 mm×4 mm	12.45		
转角下框（C_2）	40A	3.89	460 mm×4 mm	7.16		
A：浮框重量合计				772.46		745.44
2. 底框 *			9 m×9 m（图 3.21）		直径：φ12 m	
主体框	40A	3.89	全长 35 310 mm	140.04	全长 37 700 mm	146.65
连接管	50A	5.31	200 mm/根×8 根	8.50	200 mm/根×8 根	8.50
转角框	40A	3.89	800 mm×4 mm	12.45		
合计				160.99		155.15
B：底框水中重量 **				140.00		47.96
3. 金属网						
网箱形状（浮架上框×深度）			9 m×9 m×6 m		φ12 m×6 m	
金属网形状			φ3.2 mm×50 mm		φ3.2 mm×50 mm	
金属网单位重量			2.644 kg/m²		2.644 kg/m²	
水上部分金属网的缝合面积 ***			18.0 m²		18.8 m²	
水中部分金属网的缝合面积			279.0 m²		322.4 m²	
C：水上部分金属网重量			47.59 kg		49.71 kg	
D：水中部分金属网重量 **			641.48 kg		741.27 kg	
4. 网箱重量						
水上部分＝A＋C			820.05 kg		795.15 kg	
浸水部分＝B＋D			781.48 kg		789.23 kg	
E：合计			1 601.53 kg		1 584.38 kg	
5. 最小浮力（Fu）						
标准规格：Fu_1＝E×3			4 804.59 kg		4 753.14 kg	
超标规格：Fu_2＝E×4			6 406.12 kg		6 337.52 kg	
6. 浮子数量（浮力 270 kg/个、形状 φ600 mm×1 050 mm 的情况）****						
标准规格（Fu_1）			18 个		18 个	
超标规格（Fu_2）			24 个		24 个	

* 网箱框架为 SGP 管。

** 按照金属网及底框密度 7.86 g/cm³，海水密度 1.025 g/cm³ 来计算。

*** 金属网的水上部分指侧网正上方 0.5 m 的部分。

**** 材质为发泡聚苯乙烯，为保持平衡，浮子数量通常设为偶数。

浮子与浮框的安装：方形网箱一般在每个浮框的同位置安装同数量的浮子，圆形网箱为等间隔安装。无论方形还是圆形网箱，实际使用浮力以最小浮力的 3 倍为标准，有时考虑到网衣附着生物的重量，也可追加浮子数量，采用超过最小浮力 4 倍的标准，被称作"超标规格"。据经验，立体桁架型浮框最容易受到腐蚀的地方，为安装在顺风和逆风处的浮子固定框的内框和外框，采用"超标规格"的情况，能稍微减低腐蚀程度。

3.6.2 网箱内浮子的安装

通常情况下，浮子是安装在网箱外侧的，但将其安装在内侧的新做法也颇受关注。由于混养的条石鲷类可以清除金属网衣上的附着生物[6]，所以有人将浮子安装在网箱内侧，已达到浮子的浸水表面被清理的效果。比起同类型浮框的外侧安装，内侧安装还可以扩大网箱的容积，例如在边长 10 m、深度 10 m 的方形网箱内侧安装浮子，两根浮框间的距离为 0.5 m 的时候，就能增加 200 m³ 的容积。同时，还省去了因浮子浸水面附着生物增多而需要增加浮子数量的作业。图 3.18 为混养幼鰤和条石鲷的网箱中，内侧与外侧安装浮子的对比图[4]。

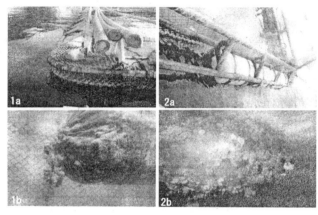

图 3.18　浮子安装在网箱内部与网箱外部的附着生物对比
（沼津市重寺附近海域，两年后）
1a. 安装在网箱内侧的浮子；1b. 同上，浮子表面的附着生物被清除；
2a. 安装在网箱外侧的浮子；2b. 同上，浮子表面生长的附着生物

3.7　浮框的腐蚀速度和包覆防腐的效果

在宇和岛市游子附近海域的鰤鱼养殖网箱筏内，采用软钢试片（SS400），进行了为期 728 天的腐蚀速度调查和防腐试验。腐蚀调查的对象为：由镀锌层被腐蚀消耗后的裸钢制成的浮框的腐蚀速度。防腐试验的内容为：观察包覆矿物脂防腐涂料[7]后的海洋钢结构物在潮汐区和海水飞溅区的防腐效果。

用于调查腐蚀速度的试片，两枚一组，用绳索相连，水平安装在水上约 200 mm 的浮子固定框之间。如图 3.19 所示，包覆防腐试片涂抹厚厚的矿物脂涂料，与腐蚀试片放在同一位置的浮框表面上，并在外表缠上防腐蚀的窄带和塑料带子。图 3.20 显示的是腐蚀速度与

包覆防腐率的关系，由图可知，试片安装后，其表面受海水飞溅侵蚀，立刻开始全面腐蚀。腐蚀速度（侵蚀度）[8]在安装 50 天后达到最高值，约为 0.70 mm/a，之后减低至 0.30 ~ 0.50 mm/a。这是因为附着在试片外表上的腐蚀生成物阻断了其与外界的联系，在某种程度上抑制了腐蚀速度。即便如此，该测定值也很高，相当于钢板桩在海水飞溅区所测定的普通钢的平均侵蚀速度（即 0.50 mm/a）[9]。另一方面，包覆试片的防腐率为 100%，实际证明了包覆防腐的做法适合浮框的防腐[10]。

a.腐蚀试片   b.包覆防腐试片

图 3.19   试片安装在浮框的情况

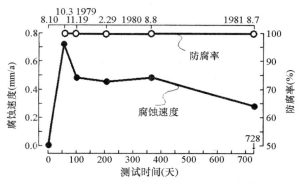

图 3.20   浮框的腐蚀速度及包覆防腐率

3.8   底框的结构

底框又称作沉框，一般采用普通管系碳钢管（SGP），与浮框一样，有焊接一体式和现场组装式两种，后者多采用热浸镀锌制品。图 3.21 为形状 9 m×9 m 的方形网箱底框采用现场连接方式的示意图，组装时，先通过钢管或扁钢将四个转角加固焊接在一起，搬入现场后，再通过连接管和螺丝螺母组装成四方形的底框。

底框通常采用单根配管方式（单列管式），但直径 φ15 m 以上的大型圆形网箱，受底网重量的要求，需在底框内侧，再并列一根钢管作为加固框，用扁钢或 L 型钢等焊接，构成双根配管方式

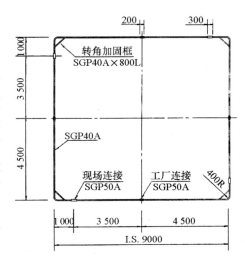

图 3.21   现场连接型方形底框（单位：mm）

（双列管式），或者也有采用在底框的两侧均配上加固框的三根配管方式（三列管式）。这样的圆形底框，与浮框一样，在工厂被等量分段，搬入现场后，再用螺丝螺母连接各段两端的法兰面。

表3.9为金属网与不同底框材料组合构成的底框防腐蚀对策。由表可知，在网箱结构中，若将新的镀锌金属网固定在已生红锈的底框上，则镀锌面为阳极，红锈面为阴极，两极间产生电位差，导致镀锌面呈现电偶腐蚀（异种金属接触腐蚀）现象[11-13]，这会加快靠近底框处金属网镀锌面的消耗速度。因此，在底框再次利用时，必须在底框处安装防腐锌等阴极保护装置。另外，由铜合金、钛等非铁金属材料制成的金属网箱，如将金属网直接固定在钢管制成的底框上，会因为金属网和钢管表面的电位差，将在钢管表面呈现电偶腐蚀，从而造成网箱损坏事故。此时必须对金属网和钢管之间进行绝缘处理，换用 FRP 衬里钢管或者非金属底框。图 3.22 为底框连接及防腐对策的现场图。

表 3.9　金属网和底框的防腐对策

阳极	阴极	防腐对策
镀锌面	钢质底框腐蚀面	阴极保护
钢质底框	铜、铜合金金属网	绝缘衬里*
钢质底框	不锈钢金属网	绝缘衬里*
钢质底框	钛丝网	绝缘衬里*

*或者使用与金属网相同材质的底框。

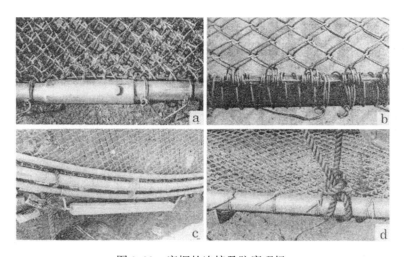

图 3.22　底框的连接及防腐现场

a. 底框钢管的连接示例；b. 铜合金金属网箱的 FRP 衬里钢管框架；

c. 三列配管式的底框和铝合金阳极；d. 吊绳与底框的系结处

3.9　辅助设备

金属网箱的辅助设备包括防止鱼类逃逸的防逃网、作业用的脚手架、自动投饵器、残饵检测系统[14]、防止逃逸或鸟害的盖网（顶棚网）以及保护真鲷体表而盖在网箱上面的遮光布等（图3.23），这些设施在化纤网箱中也同样存在，但有一种辅助设备是金属网箱专用的——赶鱼用的"通道网"。通道网安装在两个网箱侧网之间，它用于从旧网箱往新网箱转移鱼类。

图3.23　金属网箱的辅助设备
a. 蓝鳍金枪鱼网箱的防逃网（西伊豆町田子）；b. 幼鰤网箱作业用的脚手架（同左）；
c. 红鳍东方鲀网箱的自动投饵器（奄美大岛阿室釜）；d. 真鲷网箱的遮光布（京都府伊根）

另外，近年来在真鲷、红鳍东方鲀、黄带拟鲹等养殖年限较长的鱼类养殖中，也渐渐引入了在金属网箱中并设化纤网箱，待鱼类在化纤网箱内中间育成之后，再将化纤网撤走的方式。这种做法对金属网的电腐蚀保护以及使用寿命的大幅延长非常有益[15,16]。

如图3.16所示，图中是与化纤网箱并用的例子，作业用的脚手架呈十字形安装在方形浮架上，它将网箱分成四部分，各部分均设有化纤网箱，用于幼鱼的放养、活鱼上市前的蓄养等。这种方式不仅省去了另设化纤网箱的专用浮框、增加了海面的有效利用，而且因为外部金属网的存在，还可以缓和化纤网网衣变形以及保护化纤网箱内养殖鱼类的天敌侵害问题，特别是对于比目鱼等底栖鱼类来说，可以有效防止鲀科鱼类的侵食。

3.10　下潜式网箱

下潜式网箱是将网箱下潜至水中一定深度，多为浅海式网箱，但近年，也开发出了下潜水深超过30 m的深海式网箱。下潜式网箱分为两种：一种是在海浪作用力大的环境下使用的长期下潜式；另外一种使用浮式网箱，称为升降式。升降式网箱是为了避免受到台风引起的暂时性巨浪、冬季季风、季节性的表层高温水、表层赤潮等侵害而设计的。下潜式网箱的基本构造与浮式网箱大致相同，浮子有耐压性，浮框上装有下潜、上浮装置和盖网，无论是浅海式还是深海式，均在网箱上装有连接水面的投饵软管。

表3.10显示的是网箱下潜深度与作用于网箱的波浪力之间的衰减关系，表中数据为每个波浪周期内，网箱下潜深度处的水质点速度与海洋表面波处的水质点速度之比，以及下潜

深度处波浪力与海洋表面波浪力（波浪作用力）的百分比。据此可知，当网箱在波周期为
10秒的海域，下潜5m时，相对于表面波，下潜处水质点的速度为其82%，波浪力为其
67%；若下潜10m，水质点速度为其67%，波浪力减小至45%[17]。

表3.10　网箱下潜深度与海洋表面波水质点速度、波浪力的衰减率

下潜深度（m）	耐波性改善因子	波周期（T, sec）			
		3	5	7	10
5	水质点速度（%）	11	45	66	82
	波浪力（%）	1	20	44	67
10	水质点速度（%）	1	20	44	67
	波浪力（%）	0	4	19	45

　　浅海式长期下潜式网箱的示例如图3.24所示，浮力调整装置[18]如图3.25所示，在浮
框上安装调整浮力的浮子，该浮子具有压载海水的功能。浮子与水面之间装有高弹性耐压软
管，软管的水上顶端安装充、排气阀。下潜深度可通过调节海水的压载量来实现：下潜时，
排气阀打开，从调节浮子的底部注入海水；上浮时，与送气软管相连的船上空气压缩机启
动，通过压缩空气的方式，将浮子内的海水置换成空气。除此之外，常用的调节下潜深度的

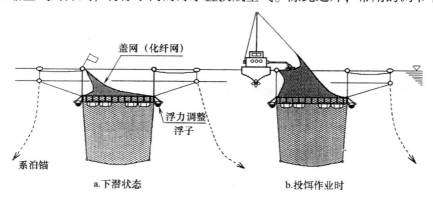

图3.24　浅海式长期下潜型网箱的应用示例

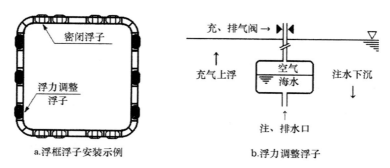

图3.25　下潜式网箱的浮子安装示例和浮力调整装置

方法还有：在浮框周围安设压载式调节笼，笼内装载一定数量的砂石袋，通过增减砂石袋来调节浮沉。

长期下潜式网箱可用于真鲷养殖，因其长期下潜可避免紫外线的照射，使真鲷体表颜色更好，且能保持稳定的水压环境[19]。浅海式长期下潜网箱的下潜深度一般为 2~20 m，但为了更接近天然养殖，需要下潜至 30 m 以下。图 3.26 为深海金属网网箱，该网箱自2001 年起在宇和海被使用，为 12 m×12 m×8 m 的方形网箱。鱼食饵料的投喂是通过连接水上的专用软管进行的，并装备有以往下潜式网箱不具备的残饵检测系统和投饵量控制系统。由于深海式沉下网箱处于深海，能够避免网箱上的生物附着，所以基本上不需要对网进行清理[20]。

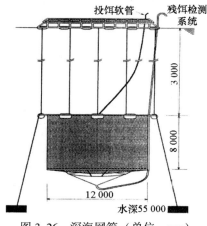

图 3.26　深海网箱（单位：mm）

3.11　化纤网网箱

3.11.1　网衣形状和网箱构造

化纤网（合成纤维网）对于幼鱼的投饵和中间育成是必不可少的设备，即便在金属网网箱的养殖中，化纤网也被用作起捕网和更换网箱时的通道连接网。某些金属网箱采用侧网为化纤网、底网为金属网的复合结构，以保持侧网的成网性（延展性）及底网的稳定性，金属底网也可为比目鱼等底栖性鱼类提供稳定的栖息场所。

表 3.11 为化纤网的材质种类和特征，表 3.12 为鰤鱼养殖网箱网衣的网目、网线及纲绳的尺寸[21]。化纤网材质最常见的是氯纶（聚乙烯）系列纤维制品，多为黑色，它具有密度小、暴露在空气中的部分受紫外线照射不易老化等特点。网片的种类有两种：有结节网和无结节网。如图 3.27 所示，有结节网多为结节牢固、网片易展开的单结网；无结节网更为常见，它是编织网线时就制作好网目。

表 3.11　合成纤维网片的种类和特征

项目＼种类	锦纶（尼龙）系列	维尼纶系列	涤纶（聚酯）系列	氯纶（聚乙烯）系列	丙纶（聚丙烯）系列
密度（g/cm³）	1.14	1.26~1.32	1.38	0.95	0.91
吸水性	在湿度60%的空气中为2.5%以上	在湿度60%的空气中为5%以上	干湿无变化	不吸水	不吸水
耐曲折性、耐磨性	非常强	耐磨性与棉相同	耐磨性强	强	强
耐紫外线性	脆化	抗拉强度与棉相同	强	强	强
水流引起的变形	大	大	小	稍大	稍大

表 3. 12　合成网的网目、网线及纲绳的尺寸

网目	网线的粗细	纲绳的粗细	幼鲕的大小
110 直径	4 根×4 根	φ5~7 mm	幼鱼
90 直径	6 根×6 根~8 根×8 根	φ5~7 mm	幼鱼
15 节	15 根×15 根	φ7~8 mm	20~100 g
13 节	15 根×15 根	φ7~8 mm	
10 节	21 根×30 根	φ7~8 mm	
9 节	21 根×30 根	φ7~8 mm	100 g 以上
8 节	36~45 根	φ7~9 mm	
6 节	45~75 根	φ8~10 mm	2~3 年鱼
5 节	60~100 根	φ10 mm	

a.有结节活结　　b.有结节死结　　c.无结节菱目网　　d.无结节方目网

图 3.27　化纤网的形状

化纤网的网目形状有菱目（菱形）和方目（正方形）两种，方目较为常用。网目的大小一般用"节"表示，指将网片在曲尺 5 寸（15.1 cm）间张开后结节的总数量。此外，也有以"目（单位 mm）"来表示的，1 目即网片展开后两边长度的合计。

网片装配时，使用"缩结系数"单位，该系数可决定网片的使用量。

内缩结系数（Sa）＝（网衣总长－网片装配长度）÷网衣总长　　　　（3.2）

据此，若网衣总长为 10 m，网片装配长度为 7 m，则 $Sa = 0.3$，称为"内缩结系数 0.3"，可知为正方形网目。

下列公式表示网目张开时，水平和垂直方向之间缩结系数（Sb）的关系：

$$Sb = (2Sa - Sa^2)^{1/2}　　　　（3.3）$$

据此可知，若 $Sa = 0.3$，垂直方向的缩结系数 Sb 为 0.714，水平方向的缩结系数也为 0.714，即网衣在水平和垂直方向均缩至原来的 0.714 倍。

化纤网网箱在不同的地区，由于其构造、安装及使用方法，甚至网片装配尺寸、装配方法等各有不同，因此没有可选择的统一标准。图 3.28 为幼鱼和成鱼养殖化纤网网箱的构造示意图，仅供参考。由图可知，上框纲绳伸入网身（侧网）上端，被固定在浮框上，幼鱼网箱的下框纲绳附有沉子，伸入侧网下端；成鱼网箱的下框纲绳也附有沉子，沉子通过吊绳与底网的四角连接，沉子多使用铅锤或装满石块的土囊袋充当。

如图 3.29 所示，沉子的下垂长度（d_1）和网箱深度（d_2）的关系为 $d_1 \geq d_2$，便于收鱼操作。收鱼时，先用吊绳（$d_1 + d_2$）将沉子拽至浮框，然后用沉子纲绳（d_1）将底网拉出水面。

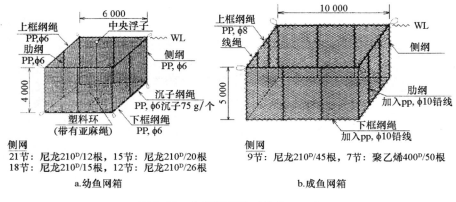

图 3.28 化纤网网箱（单位：mm）

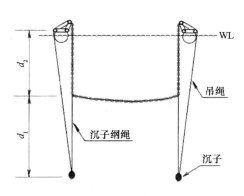

图 3.29 化纤网网箱断面（$d_1 \geqslant d_2$）

3.11.2 单丝网网箱

单丝网网箱由聚酯树脂系列粗单丝编成，网目为等边六角形（龟甲），网衣颜色为黑丝，可防止紫外线引起的脆化问题。标准线径为 φ2.7 mm，网片多用网目 30 mm 或 50 mm 构成。网箱密度 1.38 g/cm³，比氯纶（聚乙烯）类的纤维网（0.95 g/cm³）稍重，比镀锌金属网（7.85 g/cm³）轻。单丝网网箱虽没有金属网那样的刚性和强度，但网箱构造按照金属网网箱的基准，如图 3.30 所示，底网也是固定在钢管框架上，比起化纤网网箱，网的质地稍硬，不易变形，能够减轻潮水的往复作用，所以可以大幅度增加放养尾数。

a.网衣与上框的固定　　　b.网衣与底框的固定　　　c.成网性检查

图 3.30 网衣结构

但如图 3.31 所示，新网箱刚放入红鳍东方鲀后，附着生物开始生长，饲养鱼类头部卡入网目，由于鲀科鱼类特有的鱼体膨胀习性和网自身的紧张力，使鱼类无法逃脱，尾鳍被同类残食，导致鱼体死亡，所以在放养前必须熟知网目和鱼体尺寸之间的关系。

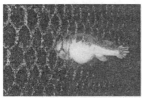

夹在网衣上的红鳍东方鲀   网衣的生物附着情况   镀锌钢管底框的表面
（设置1个月后，网箱内）   （设置8个月后，网箱内） （设置8个月后，网箱外）

图 3.31   红鳍东方鲀网箱的内部与外部

参考文献

［1］ 近 磯晴. 網生簀の事例–普及型・網生簀の利用形態. 養殖，1999，36（4）：70–77.

［2］ 原田幸雄. 海面養殖施設の基礎知識. 養殖，1989，26（13）：45–50.

［3］ 叶野元巳，中村昌俊. やさしい被覆アーク溶接. 東京：産業出版，1978：170.

［4］ 桑 守彦. 金網生簀に関する研究 V，鋼製生簀枠の構成. 水産土木，1985，21（2）：35–40.

［5］ 中村 充. 水産土木学. 東京：工業時事通信社，1979：456–467.

［6］ 桑 守彦. 金網生簀の付着生物とイシダイ類混養による除去. 日本水産学会誌，1984，50（10）：1635–1640.

［7］ 今喜多美方，梨子国男. 海洋構造物飛沫帯・干満帯的被覆防食. 防錆管理，1979，23（9）：12–18.

［8］ 中川雅央. 電気防食法の実際. 東京：地人書館，1972：92–96.

［9］ Larrabee C P. Corrosion-resistant experimental steels for marine applications. Corrosion，1964，14（4）：501t–504t.

［10］ 桑 守彦. 金網生簀の構成とその防食法に関する研究. 東京：東京大学博士学位論文，1988：217.

［11］ 桑 守彦. 水産増養殖施設への電気防食の適用と課題. 水産土木，1979，16（19）：9–16.

［12］ Mansfeld F. Area relationships in galvanic corrosion. Corrsion，1971，27（10）：436–442.

［13］ Mansfeld F，V Kenkel. Laboratory studies of galvanic corrosion two-metal couples. Corrosion，1985，31（8）：298–302.

［14］ 永冨忠良. 全自動給餌ロボ給餌郎の技術について. 養殖，2003，40（10）：30–32.

［15］ 桑 守彦. 金網生簀の腐食と防食. 日本水産学会誌，1983，49（2）：165–175.

［16］ 桑 守彦. 金網生簀に関する研究 IV，金網の電気防食効果. 水産土木，1984，21（1）：29–36.

［17］ 上北征男. 海面養殖施設設計の現状と課題. 養殖，1988，16（13）：37–40.

［18］ 近 磯靖. 海面網生簀. 養殖，2002，39（4）：19–25.

［19］ 鹿児島県北薩水産業改良普及所. 沈下式イケスでマダイの発色に効果をあげる. 養殖，1975，12（9）：50–53.

［20］ 緑書房. マダイ深海養殖. アクアネット，2003，40（7）：42–44.

［21］ 南沢 篤. 網とロープの知識. 養殖，1971，8（2）：22–23.

第4章　网囊的结构和组装

4.1　网箱的装配顺序和材料

　　方形和圆形网箱均采用菱形金属网，二者各部分构造和装配方法基本相同，但圆形网箱底网的装配略有不同。网箱装配工序为：底框的组装→底网的装配→侧网的装配→侧网之间的连接→底网、侧网与底框的固定→浮框的组装→浮子与浮框的固定→浮框与底框的安装→侧网与浮框的固定。图 4.1 为金属网箱的组装场景。网箱的安装构件如表 4.1 所示[1]。这些构件全部使用与金属网相同的金属材料。

表 4.1　金属网箱的组装构件

线材名称	具体内容
备用网线	连接各金属网片的、与所用网片形状相同的网线
力骨线	插入金属网端部的线，标准线径为 $\phi 5\ \text{mm}$
绑线	紧固金属网和网箱框架的双线
连接线	插入金属网连接端部加工面的线材
绕线	插入金属网连接端部加工面的弹簧状线材
连接环	插入侧网连接端部加工面的环状金属器材
浮框固定线	固定侧网上端部与浮框的线材，呈螺旋形

a.方形网箱在船台的组装情形　　　　　　　b.起重机和入水前的圆形网箱

图 4.1　金属网箱的组装场景

4.2　纵目式和横目式

　　侧网的安装方法如图 4.2 所示，网线纵向张开称为纵目式，横向张开称为横目式。网囊的深度用侧网垂直方向的高度来表示。但是，工厂生产的金属网最大网线长度，即网片的缝制宽度，由于受运输问题所限，限定在 15 m 左右。纵目式网囊的深度，限定为可搬入现场的网线的最大长度。横目式金属网片的缝制长度与网线的根数成一定比例，因此其网囊深度可调整到所需尺寸。如图 4.3 所示，横目式中，侧网上端尺寸（a）与下端尺寸（b）相同，

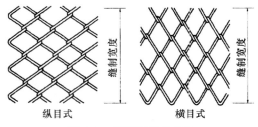

图 4.2　侧网网线的方向

即 $a=b$，纵目式中则设为 $a \geq b$，使得底框侧网末端的各网目宽度缩小，侧网可倾斜，便于收鱼时起捕网的操作。横目式中，可将水面及水面上部金属网线换为粗线径网线，以抵抗腐蚀。

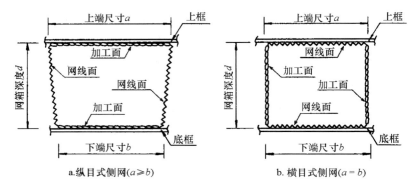

图 4.3　侧网的安装方法

4.3　金属网的网线连接

金属网片最常用的连接方法如图 4.4 和图 4.5 所示，把待连接的两金属网片相同螺距的网线面对齐，再用手动来回旋转插入缝合线进行连接。这种方法称为"缝合线连接法"，可根据装配网片所需的长度进行调节。

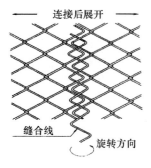

图 4.4　网片连接图

图 4.5　插入缝合线的作业

78

4.4 转向节式加工网网箱

4.4.1 方形网箱金属网的安装和各部分构造

图4.6所示为纵目式及横目式金属网的安装俯视图，具体安装工序介绍如下。

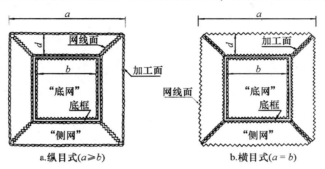

a.纵目式($a \geqslant b$)　　　　b.横目式($a = b$)

图4.6　方形网箱金属网的安装示意图

1）底网、侧网与底框的固定

如图4.7～4.10所示，是底网和侧网末端同时固定在底框上的工序。先在两网底端的加工面（或网线面）插入力骨线，与底端突起部分一起，用绑线系紧，最后紧固在底框上。

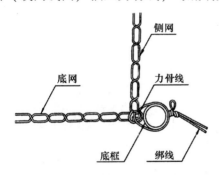

图4.7　金属网固定在底框的截面图

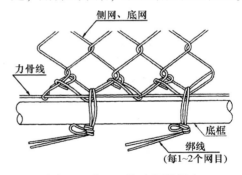

图4.8　加工面与底框的固定

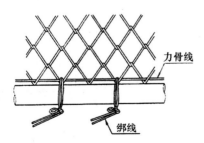

图4.9　网线面与底框的固定

图4.10　从底网端部插入力骨线

力骨线和绑线采用镀锌铁丝材质，适用于铁丝、钢丝金属网箱。力骨线线径通常为 φ5.0 mm，绑线的线径需根据缝合面积和金属网线线径来决定，一般为 φ2.6~3.2 mm。如图 4.11 和图 4.12 所示，绑线的固定间隔通常为：网目 40 mm 以下的金属网为每 2~3 网目设一个绑线，45 mm 以上的为每 1~2 网目设一个绑线。绑线的紧束工具为铁棍状的"网锥"。

图 4.11　纵目式底框与绑线的固定

图 4.12　使用网锥紧固绑线

2）侧网的连接

侧网的连接是指将四个方向的侧网网边连接起来，形成箱型金属网笼的工序。纵目式由于连接的网边是网线面，故适用前述"网线连接法"。横目式的连接方法如图 4.13 和图 4.14 所示，先将两侧网加工面的突起部分靠近，然后手动旋转扭入绕线进行连接。绕线呈弹簧状，由直径 φ3.2~5.0 mm 的镀锌铁丝加工制成，绕线的直径与连接网的网目尺寸基本相同，绕线的长度通常为 1~1.5 m/根，根据网的连接长度来确定所需数量后，顺次插入。

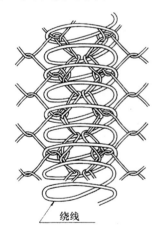

图 4.13　加工面插入绕线的部位

图 4.14　绕线的插入作业

3）侧网与浮框的固定

如图 4.15 所示，侧网与浮框的固定是指侧网固定在底框后，将网拉起，侧网上端移向浮框，最后固定在浮框上的工序。

侧网上端的网边，若横目式则为网线面，若纵目式则为加工面。如图 4.16 所示，无论是网线面还是加工面，均先在网边插入力骨线，接着将"固定线"呈螺旋形缠绕在上框上，最后用绑线将力骨线和固定线同时紧绑在上框上。绑线在浮框上的固定间隔与底网和侧网下

| a.将侧网上端移向浮架上框 | b.侧网与上框的固定作业 |

图 4.15　网衣的撑开及侧网与浮框的固定

端部固定在底框上的间隔一致。固定线为直径 $\phi 2.6 \sim 3.2$ mm 的镀锌铁丝，多适用于镀锌铁丝、钢丝网。绑在上框和底框上的绑线，其线头要往网箱外侧下方弯曲，以避免划伤养殖鱼类、工作人员、起捕网等。也有的侧网不使用绑线，直接将化纤纲绳呈螺旋状固定在上框。

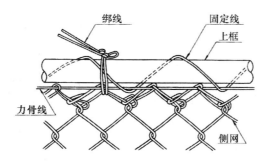

图 4.16　侧网与上框的固定

4.4.2　圆形网箱金属网的安装和底网的缝制

图 4.17 为纵目式和横目式金属网的安装俯视图。侧网的数量根据网箱直径的大小变动。网囊各部分的构造和安装方式与方形网箱基本相同，不同的是底网的缝制。

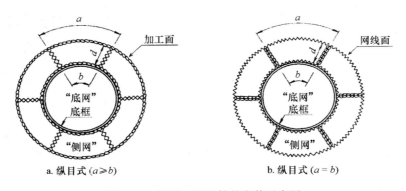

图 4.17　圆形金属网箱的安装示意图

81

如图 4.18 所示，圆形网囊的安装是在底框安装完成，底网与底框固定作业后才开始的。图 4.19 为底网的缝制图，底框上方有三张网，分别为"中心网"及上下两张"边网"，中心网网线末端未做加工。先将两张边网的"网线面（网边）"与中心网的末端拼接，三张网连成一体，接着用绑线将底网紧绑在底框上，将露出底框外侧的网线，在留出距离底框端部 3~4 个网目后，用钢丝钳剪掉，剪掉后各网线末端用钳子等工具加工成钩子状（图 4.20）。最后在侧网下端插入力骨线，再用绑线将力骨线和侧网紧紧绑在底框上（图 4.21）。

图 4.18　圆形底网的缝制作业（宫崎县北浦）

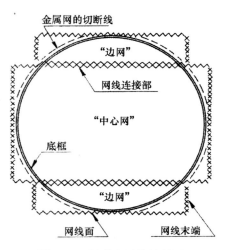

图 4.19　圆形底网的缝制图

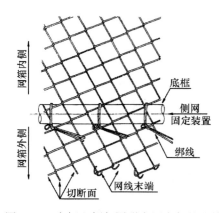

图 4.20　底框上侧与圆形底网底部的连接

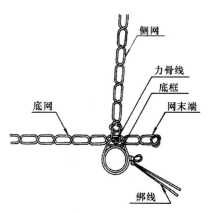

图 4.21　圆形底网与侧网固定的截面图

以上金属网固定作业全部结束后，将侧网折成圆环状，再用绑线将侧网上端部固定在浮框上端，完成如图 4.22 所示的圆筒形的网囊。

图 4.22　圆形金属网箱的完成

4.5　大型网箱绕线的连接

直径超过 15 m、网箱深度超过 10 m 的圆形网箱,因为金属网片的缝合面积变大,所以多采用横目式。网片之间的连接除了"网线连接法"之外,也可采用如图 4.23 所示的绕线连接法,即先拼接各底网的加工面,然后在各加工面插入"连接线",最后扭进螺旋状的绕线。侧网与侧网的连接如图 4.24 所示,先使两张侧网边缘重合 3~4 个网目,再在重合的加工面和网线面分别扭进绕线。

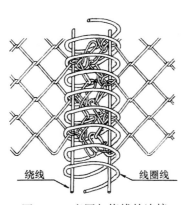

图 4.23　底网与绕线的连接

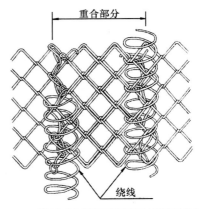

图 4.24　横目式圆形网箱侧网与侧网的连接

4.6　无底框的方形网箱

无底框的方形网箱,主要用于鲕鱼当年鱼的养殖,安装环境限于内湾。如图 4.25 所示,其特点是:网囊固定在浮框上,由于金属网的自重,下垂后呈倒纺锤形,侧网稍向网箱内侧弯曲。无底框方形金属网的安装结构如图 4.26 所示,侧网为横目式。图 4.27 为侧网的连接图,先拼接侧网与侧网之间的加工面,再插入连接环使之相连。图 4.28 为侧网和底网的连接图,方形底网的两个边采用"网线连接法",另外两个边通过如下方式连接:先拼接底网的加工面和侧网的网线面，然后插入连接线使之相连。连接线又称为"通线"，为镀锌铁丝材质，铁丝或钢丝网囊一般采用φ5.0 mm规格的镀锌铁丝。

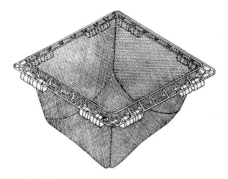

图 4.25　网箱概观

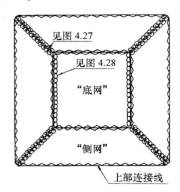

图 4.26　金属网的安装示意图

图 4.27　侧网加工面与连接环的连接

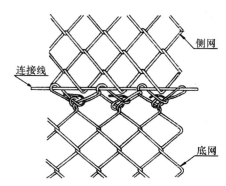

图 4.28　侧网、底网与连接线的连接

侧网的连接环曾一度使用不锈钢（SUS）材质，但这种情况下，金属网囊和不锈钢环间产生电位差，导致金属网出现电偶腐蚀（异种金属接触腐蚀），降低金属网的使用寿命，因此连接环必须采用与金属网同材质的材料[2,3]。另外，由于该种网箱底网的连接线若出现损耗断裂，不能避免养殖鱼类逃逸，故优先采用图 4.23 所示的绕线连接法。

4.7　活络缝式网箱

活络缝式网箱如图 4.29 所示，无论方形或圆形，其侧网均为纵目式。如图 4.30 所示，在侧网上端，力骨线穿过螺旋环，再通过绑线使侧网与上框固定。圆形网箱的底网，在工厂生产阶段是被加工成两张半圆形的网，待搬入现场后，再将两张网的活络缝部分拼连，使之处于同一水平线上，然后再插入"连接线"使之相连（图 4.31）。插入之前，"连接线"要以 2~3 m 为单位分割开来，一端被加工为直线状，另一端为钩子状，并由目脚处开始顺次插入，每个钩子的末端与下一个直线顶端要有 10 cm 重合，插入后的目脚用钳子加工成钩状。插入完后，如图 4.32 所示，"连接线"末端的钩子与力骨线相连。

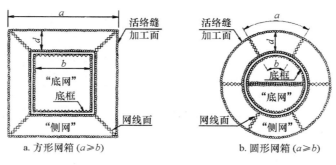

a. 方形网箱 $(a \geqslant b)$　　　　b. 圆形网箱 $(a \geqslant b)$

图 4.29　活络缝式金属网的安装示意图

图 4.30　侧网与上框的固定

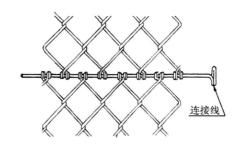

图 4.31　圆形底网的连接方法

　　侧网和底网连接时，先将两网的螺旋环合在一起，再插入力骨线，最后同时使两网固定在底框上。方形网箱的底框两边，在底网的网线面和侧网的螺旋环内插入力骨线后，需要系紧在底框上（图 4.33）。

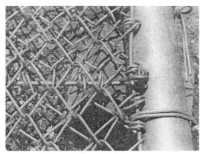

图 4.32　力骨线与底框的固定

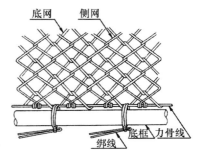

图 4.33　方形底框与网衣的固定方法

4.8　附属设备的安装及入水前的准备

　　网囊固定在浮框上之后，需要进行附属设备的安装，附属设备包括网箱上部作业用的脚手架、底框处阴极保护装置等。网箱入水前，为了易于被运至系泊场地，要收起浮框与底框间的加固绳，使网囊处于压缩状态。图 4.34 为网箱主体装配后，脚手架的安装状况以及网箱入水前的状况。

a.安装方形网箱的附属脚手架   b.出海入水前的圆形网箱

图 4.34   网箱主体组装完成后的工程

4.8.1   通道网及其拦网

    随着养殖鱼类的成长，需要分养或从旧网箱向新网箱转移时，一般先用起捕网使鱼群集中，然后用小捞网使其向新网箱移动。但对于放养尾数多的网箱来说，操作不当会导致鱼体衰弱或损伤。因此，需要在网箱的侧网处附设用于转移养殖鱼类的"通道网及其拦网"。转移鱼类时，如图 4.35 所示，先使新、旧两网箱靠近，再用化纤网制成的通道网将其连接，最后打开通道网的拦网，使鱼类移动。

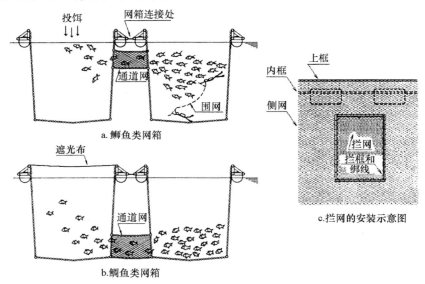

图 4.35   通过通道网转移鱼类

    鰤鱼和金枪鱼类网箱的通道网安装在浮框的下部，往新网箱转移鱼类时，先在新网箱中投食，吸引超过半数的鱼群游过来之后，剩下的鱼由潜水员赶至新网箱。鲷类网箱的通道网安装在底框的上部，往新网箱转移鱼类时，可利用鲷类喜欢聚集在暗处的习性，在新网箱上面盖上遮光布，就很容易使之移动到新网箱。如图 4.35 的 c 所示，通道网口的拦网构成为：拦框由钢管焊成，呈长方形，拦框通过绑线被固定在侧网的开口处，通道网口的拦网由金属网制成，可打开或关闭，由化纤绳被固定在侧网的开口处。此外，转移鱼类时，也有采用化纤通道网代替金属通道网口的拦网，其做法是：通道网安装在侧网，先封闭其两端，待新、旧两网箱的通道网连接后，再在通道网两端开口，完成鱼类转移。当旧网箱没有安装拦框时，待通道网与旧网箱相连后，需将连接处的侧网切开，此时为避免养殖鱼类与金属网线切口接触造成损伤，以及防止切除面的变形，需要在被切开网线的端部插入绕线。

4.8.2　网箱管理牌

网箱安装完毕或养殖场建成时，为维持网箱的管理，需要在浮架上框正下方、露出水面的侧网处安装网箱管理牌。网箱管理牌为合成树脂制成的小牌子，上面记录着网箱所有者、金属网形状、网箱形状及设置的年月日，这样能明确网箱的使用时间，掌握金属网的防腐蚀状态及附着生物的着生情况。

参考文献

[1]　桑　守彦．金網生簀に関する研究，I．金網および生簀構造．水産土木，1980，17（1）：11-32.
[2]　桑　守彦．水産増養殖施設への電気防食の適用と課題．水産土木，1979，16（1）：9-16.
[3]　桑　守彦．金網生簀に関する研究，Ⅲ．金網の腐食とその要因．水産土木，1983，20（1）：23-31.

第5章　网箱的下水和系泊

5.1　下水和撤除

金属网箱的下水有三种方式：第一种最常见，是利用码头配备的吊车、拖车等重型机械吊装下水；第二种是在船台装配完毕后，通过滑道下水；第三种是退潮时在岸边装配后，涨潮时浮起下水（图5.1）。此外，还有在专用船台上采用起重机进行网箱装配，并进行下水的方式。为了能较容易地拖航到系泊地，避免在拖航过程中（图5.2）底网与海底的接触，所有的下水方式都需要在下水前压缩网囊，临时收起上框与底框之间的吊绳，挂于上框处，最后在系泊地点将临时收起的全部吊绳缓慢松下，降落网箱。

a.通过起重机下水　　　b.在船台利用手推车下水　　c.在退潮后的海边组装网箱
（宇和岛市大福浦）　　　（京都府伊根）　　　　　（五岛列岛日之岛）

图5.1　网箱的下水方式

a.网衣缝制状况的检查　　　b.下水、着水　　　　　c.拖往系泊地点

图5.2　网衣的检查、着水与拖航（京都府伊根龟岛）

不再使用的金属网箱的撤除，一般由网箱经营者利用重型机械吊至陆地后再对金属网衣和框架进行分解拆除，作废品处理。对于可再次利用的网框，可进行维修处理：如更换连接金属件、对腐蚀处进行除锈涂漆处理等。对于轻微破损的浮子，可重新更换，作再利用处理。对于附着于网箱各部位的藤壶类、海鞘类等附着生物的处理：因为它们会使网箱重量增加，并会伴生腐烂臭味，因此要在出水前通过潜水作业或在出水后使用高压海水喷枪冲洗去除。

图 5.3 是出水后吊至陆地的幼鰤养殖圆形网箱,可见其浮子的浸水面、吊绳及底框的网箱外侧都布满了大量的附生贻贝类,而网衣上并未见附着生物,这是因为网衣上的附着生物已被混养的条石鲷类捕食清理完毕。

图 5.3　网箱的撤除
(宇和岛市遊子海面)

5.2　浮式网箱的系泊方式

系泊设施有系泊锚(重锤)、系泊浮子(台浮子)、系泊索(又称锚绳或锚索)、侧张缆绳及连接网箱和侧张缆绳的转角缆绳,这些系泊缆绳一般采用氯纶(聚乙烯)或者丙纶(聚丙烯)材质。系泊锚一般使用数百公斤的铁锤,但随着现在网箱的大型化、系泊连接和养殖区域的海上化,多采用以吨为单位的混凝土块。锚与系泊索的连接方式有两种:一种是直接连接,另一种是通过卸扣和铁链连接。前者是先在混凝土锚上部埋设半圆形的旧轮胎,然后将合成纤维材质的系泊索直接绑在旧轮胎上;后者是先在锚上设置钢制 U 型螺栓,然后通过卸扣和铁链与系泊索连接。中间浮子安装在网箱与锚之间,或者系泊索与侧张缆绳之间,其材质与网箱浮子相同,为发泡聚苯乙烯或硬质树脂。"系泊索连接浮子"位于网箱与锚绳之间,其材质经过涂漆处理,多为 FRP 衬里的钢制浮子,浮力可达数吨。

系泊方式根据海底地形、养殖场环境、海面使用方式等情况而定,每个地域都有所不同。在内湾区域,有化纤网与金属网网箱的复合系泊方式,也有多个方形网箱连成一串的系泊方式,还有的区域,采用网箱间距为一口网箱边长以上的连接系泊方式。而对于外海区域的圆形网箱及内湾区域直径 15 m 以上的大型圆形网箱,一般采用网箱间距为 50 m 以上的连接系泊方式。

连接系泊方向与海潮流向平行,在内湾养殖区域,从湾里向湾口方向安装;在外海养殖区域,从陆地向海里铺设侧张缆绳。系泊索通常全部与系泊锚连接,但陆地侧海岸的系泊索也有与锚类设施或岩石连接的情况。对于大型圆形金属网箱、浮体辅助框架式网箱或者浮子式化纤网网箱,也可采用单独系泊的方式。在浮式防波堤掩护的外海养殖区域,通常配备棋盘格状的系泊缆绳,在那里可设置连接数百台网箱的系泊方式。

关于系泊场所的水深,如仅为 10 m,渔场过早老化,在波浪作用下,底部沉积物受扰动后,在水层中扩散上扬,而 80~100 m 又会增加设施安装的费用,因此实际上 30~50 m 是比较恰当的[1]。但是,现在养殖环境有从内湾向海面扩大的趋势,因此也出现了水深 100 m 以上的养殖场。

现在虽然政府没有关于网箱系泊的规定标准,但 1999 年 11 月制定的《持续养殖生产确保法》做出了相关规定[2]:鰤鱼类、鲷鱼类、鲀科鱼类的养殖设施面积要占渔场面积的 1/15;网箱内的放养密度为鰤类 7 kg/m³,鲷鱼类、红鳍东方鲀 10 kg/m³。此外,基于海水养殖主要鱼类的养殖环境及养殖经营状况等因素考虑,还提出了适宜放养密度的建议[3]。作为参考资料,以下是自 1970 年代开始的日本各县主要针对鰤鱼类养殖给出的行政指导内容[4]。

【德岛县】浮式网箱的设置面积以许可渔场面积的 1/20 为基准,原则上当年鱼以 5.0~

7.5 kg/m^3 的密度进行放养。

【爱媛县】养殖网箱总面积为许可渔场的 8%，浮式网箱的间隔必须是一个网箱以上的距离。由于高龄鱼网箱氧气消耗量大，水质污染比例大，所以要放在当年鱼网箱的下游，原则上网箱要放到 20 m 深的地方系泊。

【熊本县】养殖筏的设置面积的基准为许可渔场的 10%，幼鰤当年鱼的生产目标为 7 kg/m^3，成鱼为 10 kg/m^3。

【山口县】网箱网衣的间隔原则上是浮框长度的 3 倍以上，放养基准：鱼体重量 25 g 以下时，为 300 尾/m^3；$25\sim100$ g 时，为 60 尾/m^3。

【大分县】网箱面积原则上是许可渔场面积的 2.5%。适宜放养量在满足以下条件的基础上，为 $7\sim10 \text{ kg/m}^3$：①渔场的溶氧量 4 mL/m^3；②渔场的最低流速 $2\sim5 \text{ cm/s}$；③鰤鱼的氧气消耗量 $600 \text{ mL/}（\text{kg}\cdot\text{h}）$。

【鹿儿岛县】放养密度，A 类型渔场 12 kg/m^3 以下，B 类型渔场 10 kg/m^3 以下，C 类型渔场 8 kg/m^3 以下。还需满足：①网箱面积是许可渔场面积的 7.5%（7 m×7 m 方形网箱，15 台）以内；②网箱的系泊原则上是两台以内，最低间隔为 40 m 以上；③网箱大小为直径 $\phi15$ m 的圆形，网深 10 m 以下，渔场水深为网衣深度的 3 倍以上。

另外，由于网箱的系泊区域（如海湾入口处与海湾内部）不同，鱼类的生长和产量会有差异，所以，每年养殖业者之间会交换系泊场所。

5.2.1 方形网箱的连接系泊

方形网箱是专门在水面平静的内湾和海湾使用的，以连接系泊为主（图 5.4）。由于连接系泊具有集约化、便于养殖管理的特点，所以一般网箱间隔较窄，每列的连接网箱台数为 $2\sim10$ 台，也有并排连接两列的双重连接系泊方式。图 5.5 是以纵向×横向 = 10 m×10 m 的方形网箱为对象的连接系泊的例子，网箱之间用钢链相连，网箱间距为 1 m。由于系泊列两端容易受到海浪影响，可为网箱框安置消波筏，每排的两端通过系泊浮子和锚绳与锚相连，锚为混凝土块，海湾一侧与陆地一侧各安装 2 个或 4 个锚。

图 5.4 方形网箱的连接系泊状况（柏岛）

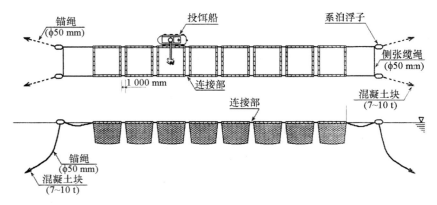

图 5.5 方形网箱连接系泊一例

5.2.2　圆形网箱的连续系泊

为内湾养殖设计的圆形网箱，因其浮框为拱形结构，强度优于方形浮框，故可以在湾口附近等容易受到海面影响的地方系泊。在水面平稳的海域，可以见到圆形网箱与方形网箱的连接系泊，有的连接系泊方式与方形网箱一样，不设网箱间隔；也有的设置间隔为一个网箱直径以上距离的系泊方式（图5.6）。如图5.7所示的系泊方式[5]，对象为直径 ϕ12 m 的圆形网箱，网箱之间通过侧张绳连接，侧张绳上装有浮子，与各网箱有四处相连，并通过系泊浮子与系泊锚相连，系泊浮子安装在两侧的系泊锚绳上。图5.7中系泊锚、系泊绳及浮子的各参数值是将安全系数考虑在内的参考值。

a.连接系泊(宇和岛市下波海面)　　　　　b.等到距系泊(鹿儿岛湾隼人町海面)

图 5.6　方形、圆形网箱的系泊

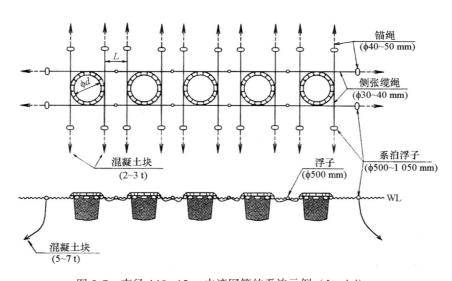

图 5.7　直径 ϕ10~15 m 内湾网箱的系泊示例（$L \geqslant \phi d$）

5.2.3　大型圆形网箱的系泊

图5.8为养殖蓝鳍金枪鱼的大型圆形网箱的系泊方式，其系泊装置的参数如表5.1所示[6]。大型圆形网箱的系泊一般采用侧张方式，使用缆绳和混凝土块（20~60 t），网箱置

于侧张缆绳围成的长方形或棋盘状的中央，通过转角缆绳与侧张缆绳连接。该系泊方式适用于网衣材质为金属网、化纤网或单丝网等，网衣高度低于 30 m 的浮式网箱[6]。

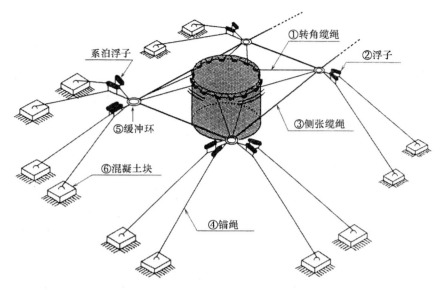

图 5.8　直径 φ30 m 以上内湾大型圆形网箱的系泊示例

此外，该系泊方式还适用于挪威地区养殖鲑鱼、鳟鱼的网箱，以及澳大利亚、地中海地区蓄养金枪鱼类的网箱，这些网箱一般为直径 20～50 m 的浮式圆形网箱，其单独系泊方式如图 5.8 所示：转角缆绳与网箱浮框 8 处连接，侧张绳与系泊索 4 处相连[7-9]。

表 5.1　大型圆形网箱系泊设备参数一览

No.	名称	规格
①	转角缆绳	φ45 mm 十字，氯纶（聚乙烯）
②	浮子	CTP-3605（φ360 mm）×26 个
③	侧张缆绳	φ55 mm，氯纶（聚乙烯）×45 m/根
④	锚绳	φ55 mm，氯纶（聚乙烯）×150 m/根
⑤	缓冲环	φ70 mm，锦纶（尼龙）绳，φ1 000 mm
⑥	混凝土块	45 t/个，3.4 m×3.4 m×1.7 m，预制混凝土（18-40-8，高炉 B）

5.3　外海网箱的系泊和耐波性

关于外海（或离岸）养殖及养殖场的定义：外海养殖是指在海浪、水流条件严峻的外洋性海域进行的养殖[10]，外海（或离岸）养殖场是指在外海开放性区域，直接受到外海海浪侵袭的养殖区域[11]。在这样的外海海域，养殖鰤鱼类的网箱设施，多为边长 30 m 的浮子式网箱[12]。本节主要介绍高知县水产试验场受日本水产厅委托承担"海上渔场养殖技术企业化"项目时的系泊方式及其试验结果[10,13]。

5.3.1 网箱和系泊设施

该试验在高知县土佐清水市布附近 700 m 海域的一处外海鲕鱼养殖场进行，该养殖场水深 23 m，外海水域有效波高为 7 m，周期为 12 s，养殖水域流速 1.5 m/s。本次试验以开发鱼类养殖设施为目的，时间从 1979 年 9 月 7 日至 1981 年 12 月 2 日，历时共 807 天（图 5.9 和图 5.10）。

试验网箱为直径 φ12 m 的圆形网箱，浮架为直径 φ28.6 mm 粗的异型棒钢，1979 年 9 月试验开始

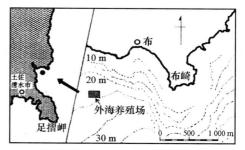

图 5.9　外海养殖场的位置

a.养殖区（对岸足摺半岛）

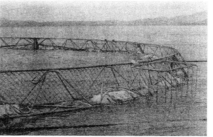

b.外海金属网箱（SD钢浮框）

图 5.10　外海养殖场及金属网箱（土佐清水市布附近海域）

时，在浮架上安装了 16 个浮力为 180 kg 的高密度发泡聚苯乙烯的浮子，但随着时间的增加，网箱浮体及金属网上出现了藤壶类附着生物，导致剩余浮力减少，于是在 6 个月后的 1981 年 3 月，又追加了 4 个 180 kg 的浮子。试验网箱的系泊状况如图 5.11 所示，试验记录

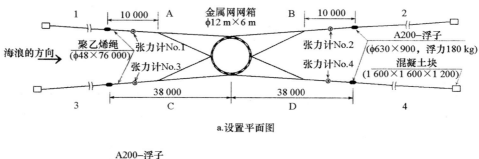

a.设置平面图

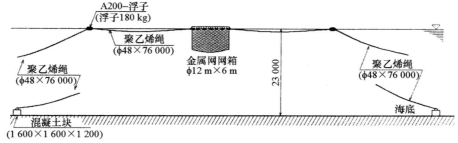

b.设置侧面图

图 5.11　外海网箱锚泊图（单位：mm）

了张力计的安装位置及试验前后锚绳和侧张绳的强度变化，张力计安装在锚绳上，用于测量海浪直接作用于网箱前方和侧后方时，施加在侧张缆绳上的拉力大小。网箱和系泊装置的设计及浮力参数如表 5.2 和表 5.3 所示，可知试验网箱为单独系泊，网箱通过系泊浮子（台浮子），系泊在水深 23 m 处的 4 个混凝土块上，系泊浮子的方向是顺海浪方向的磁针方位 110°处展开。网箱安装了独立的侧张设施。系泊绳为直径 φ48 mm 的氯纶（聚乙烯）材质，系泊浮子之间通过网箱上 4 个等距离间隔的侧张缆绳及转角缆绳相连。

表 5.2　外海网箱构件及系泊装置

部件	规格	数值	备注
圆形网箱	φ12 m×6 m	1 台	SD 钢
菱形金属网	φ4.0 mm×50 mm（侧网纵目式）	1 382.3 kg	镀锌铁丝
浮框	φ28.6 mm SD 钢	一套	异型钢管
浮子	φ630 mm×900 mm（浮力 180 kg）	16 个	高密度发泡聚苯乙烯
底框	SGP50A	37.7 m	装有阴极保护装置
中间浮子	A200，φ630 mm×900 mm（浮力 180 kg）	4 个	高密度发泡聚乙烯（氯纶）
侧张缆绳	φ48 mm×76 m×2 根	152 m	聚乙烯（氯纶）
锚绳	φ48 mm×75 m×4 根	300 m	聚乙烯（氯纶）
转角缆绳	φ48 mm×23 m×4 根	92 m	聚乙烯（氯纶）
锚	1 600 mm×1 600 mm×1 200 mm	4 个	混凝土块

表 5.3　系泊浮力参数

参数	数值
中间浮子总浮力：D	720 kg
网箱部总剩余浮力：W_B	600 kg
中间浮子（台浮子）间隔：a	76 m
W_B/D	0.83
每平方米网片面积网箱部的剩余浮力：W_b	1.77 kg/m²
每平方米网片面积的受力：K	47.2 kg/m²
锚索的设计安全系数（网的破断力÷受力）：f	5.8

5.3.2　海况和设施的耐波性

1）系泊地点的海况

表 5.4 为试验期间的风速测定值、风向及测试期间出现的频率，其中流速是根据 1981 年 6 月 18 日至同年 10 月 26 日仅 110 天的观测记录，最大流速为 39 cm/s（0.76 节），不能充分体现整个试验期间的海况。试验期间，有 7 次台风经过测试水域附近，其中最大风浪出现在如图 5.12 所示的 1980 年 9 月 11 日 13 号台风期间，其自测试水域西侧 160 km 处向北移动，当时中心气压为 965 hPa，最大风速为 15 m/s，最大波高为 10 m，最大周期为 14.2 s。

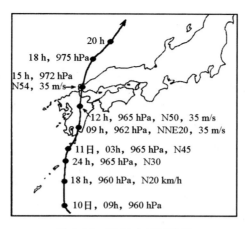

图 5.12　13 号台风的路线

表 5.4　系泊期间的海况

系泊地点	高知县土佐清水市布海面 700 m
系泊期间	1979. 9. 17—1981. 12. 2（807 天）
水深和底质	23 m，砂质
风速	0～4.0 m/s 的天数占全部的 81%，4.1～8.0 m/s 的占 4.8%，8.1 m/s 以上的为 1%
风向	SW—NW＝42%，NNW—NE＝40%，ENE—ESE＝12%，SE—SSW＝6%
波浪	海浪等级为 2 以下的占 52%，等级为 3 的占 5%，等级为 4 的占 10%，等级为 5 以上的占 7%
强浪	等级为 3 以下的占 83%，等级为 4 的占 10%，等级为 5 以上的占 2%
有效波高	未到 2 m 的占 96%，2～3 m 的占 3.5%，4 m 以上的占 0.5%
流速	1981. 6. 18—10. 26，仅 110 天的观测：9 cm/s 以下占全体 72.7%，10～14 cm/s 占 23.3%，15～19 cm/s 占 2.6%，20～24 cm/s 占 0.8%，25cm/s 以上占 0.1%，最大流速为 278°，39 cm/s（0.76 节），于 1981 年 7 月 20 日观测
1980 年 9 月 11 日，13 号台风通过时的情况（中心气压 965 hPa）	

风向、最大风速：SSE 15 m/s

波高：$H_{1/3}=8.4$ m，$H_{max}=14$ m（$H_{1/3}\geqslant6$ m，$H_{max}\geqslant8$ m 的持续 8 小时；$H_{1/3}\geqslant8$ m，$H_{max}\geqslant10$ m 的持续 6 小时）

周期：$T_{1/3}=13.4$ s，$T_{max}=14.2$ s

2）侧张缆绳上的拉力

作用于每根侧张缆绳上的拉力，300 kg 以下的占全试验期间的 93.3%，300～400 kg 的占 4.0%，400～500 kg 的占 1.4%，500 kg 以上的占 1.3%，最大的拉力为 1.55 t。

3）台风移动时的拉力

1980 年 9 月 11 日 8 时，13 号台风通过时测得最大拉力出现在 $H_{1/10}=9.7$ m、$T_{1/10}=13.2～14.0$ s 的情况下，海浪直接作用一侧 No.1 张力计的测定值为 1.55 t，No.3 的测定值为 1.46 t。0.55～0.99 t 及 1.00t 以上的拉力持续时间为：No.1 为 20 小时及 6 小时，No.3 为 29 小时及 27 小时，No.4 张力计因故障未进行测定，背浪侧的 No.2 为 18 小时及 1 小时。

4）水流产生的拉力

1980 年 6 月 25 日，在没有海浪作用但流速较大及出现较大拉力时，测得流向、流速最大值：当时方位为 118°，流速为 10 cm/s，迎流一侧的拉力为 No. 2+No. 4＝1 130 kg，逆流一侧的拉力为 No. 1+No. 3＝970 kg。

5）系泊缆绳的强度变化

侧张缆绳材质为氯纶（聚乙烯），其试验前后的拉伸测试结果如表 5.5 所示。侧张缆绳强度减少十分明显，807 天后的抗拉强度约为初期抗拉强度的 60%。对于侧张缆绳，海浪入射侧，即网箱前方缆绳，与背浪侧缆绳之间的强度差不十分明显。但是，对锚绳而言，海浪入射侧的缆绳强度略低于背浪侧。

表 5.5　系泊锚绳的剩余强度

测定部位		抗拉强度（t）	延性（%）	强度剩余率（%）*
侧张缆绳	A	9.4	32	45.4
	B	12.8	48	61.5
	C	13.1	38	63.3
	D	13.1	50	63.3
锚绳	1	14.6	42	70.1
	2	12.6	46	60.9
	3	12.7	46	61.3
	4	14.5	43	70.0

* $\phi48$ mm 氯纶（聚乙烯）缆绳，$T_0 = 20.7$ t。

6）耐波性的测试

试验期间，共有 7 次台风通过测试水域附近，每次都检查了设施状态及台风通过后各部件状况。台风通过前后，所有网箱设施随强浪上下起伏，此时，系泊浮子约 1/2 及网箱前侧会被水全部淹没，在台风即将通过时，系泊浮子和全部网箱会瞬间被卷入波浪之中。但设施不会产生横摇或者异常晃动，由此可以推断锚绳和侧张缆绳没有受到异常的外力。事实上，测力器也未记录到异常的外力。根据台风通过后的潜水调查，发现网箱框、金属网、锚绳、侧张缆绳、系泊浮子及其连接装置等全部设施都没有破损，也没有出现异常情况，事实证明了恶劣天气时外海系泊设施稳固的耐波性。

5.4　下潜式网箱的系泊方式

下潜式网箱作为深海抗风浪网箱显现其实用化，其金属网箱采用二重连接系泊方式[14~16]。本节结合 1981 年实施的试验结果[17]，介绍外海域下潜式金属网箱的系泊方式。该试验作为耐波性鱼类养殖设施开发试验及鰤鱼养殖试验，自 1981 年开始，由鹿儿岛县水产试验场和佐多渔业合作社协会共同协作实施，地点为鹿儿岛湾口佐多町片野附近海域。

系泊设施的参数如表 5.6 所示，网箱系泊方式如图 5.13 所示。由 5 台形状为 8 m×8 m×6.5 m 的方形网箱连接系泊。各网箱网衣为菱形金属网，材质为 $\phi4.0$ mm×56 mm 镀锌铁丝，盖网为涤纶（聚酯）化纤网。网箱浮架由钢管制成，各网箱装有 8 个耐压浮子，布设时又追加了 12 个 4 号浮子（$\phi500$ mm×850 mm）。当台风来临时，撤出全部的 4 号浮子，由 12 根下坠缆绳坠至水深 10 m 处。

表 5.6　下潜式网箱及其系泊材料

部件	规格	数值	备注
方形网箱	8 m×8 m×6.5 m	5 台	金属网箱
菱形金属网	φ4.0 mm×56 mm	272 m²/台	镀锌铁丝
浮框钢管	SGP 50A	50 m/台	
浮框浮子	φ450 mm×1 350 mm（浮力 164 kg/个）	8 个/台	耐压，用于上浮
	φ550 mm×850 mm（浮力 190 kg/个）	12 个/台	4 号浮子
底框钢管	SGP 50A	25 m/台	
盖网	涤纶（聚酯）φ3 mm×8 节	296 m²/台	9 m×9 m
系泊浮子	φ450 mm×1 350 mm（浮力 164 kg/个）	24 个	
	φ300 mm 球体（浮力 12.5 kg/个）	168 个	
悬垂缆绳	维尼纶，φ18 mm：12 根×10 m	120 m	
	维尼纶，φ24 mm：4 根×10 m	40 m	
锚绳	涤纶（聚酯），φ60 mm	660 m	破断力 35 t
侧张绳	涤纶（聚酯），φ50 mm	1 350 m	破断力 25 t
锚	20 t×2 个，15 t×2 个，10 t×12 个		混凝土块

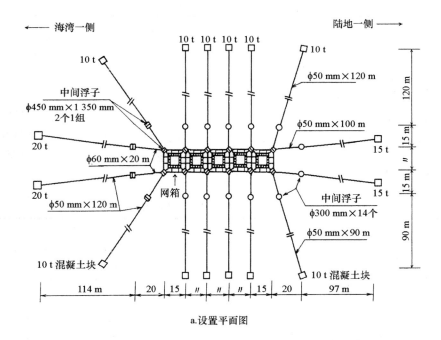

a.设置平面图

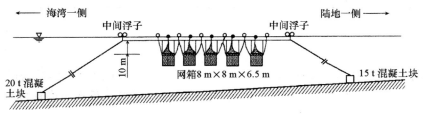

b.设置侧面图

图 5.13　下潜式网箱的锚泊示例

系泊装置与潮流方向（SW）平行安装，迎潮侧的锚有两个，为 20 t 的混凝土块，其他的为 10~15 t 的混凝土块。锚绳和侧张绳为 φ50~60 mm 的氯纶（聚乙烯）材质。各网箱的四角装有 24 个耐压浮子（φ450 mm×1 350 mm），侧张绳上装有 186 个浮球（φ300 mm）。

网箱系泊海域的自然条件为水深 30 m，底质为砂，最大流速为 0.8 kn，流向是 SW；海浪的有效波高为 3.57 m，周期 13.0 s，波向 W，波长 196 m（表 5.7）。该网箱在试验期间大部分是处于漂浮状态，下潜状态仅有 2 次，分别为 1986 年 7 月 8 号台风及 8 月 13 号台风通过时。幼鰤养殖测试结果显示：1983 年 4 月每台网箱放养 2 000 条，放养时为 3.5 kg/条，至 10 月为 5.6 kg/条，到试验结束时的 12 月底长到了 6.2 kg/条，成品率为 98.4%。

表 5.7　系泊海域的自然条件

系泊地点：鹿儿岛县佐多町片野坂附近海面	
幼鰤养殖试验	1983 年 4—12 月
水深和底质	30 m，砂质
流速和方向	最大 0.8 kn，SW
最大有效波高（H）	3.57 m，波向 W
周期（T）	13.0 s
波长（L）	196 m

5.5　系泊绳的材质和特性

养殖网箱的系泊缆绳主要分为系泊绳（又称锚索或锚绳）、转角缆绳（安装于网箱周围）及侧张缆绳，这些绳索的材质与渔网或网衣的相同，均为合成纤维（化学纤维），共有 5 种类型，分别为锦纶（尼龙）、涤纶（聚酯）、维尼纶、氯纶（聚乙烯）和丙纶（聚丙烯），详见表 5.8。

表 5.8　合成纤维绳的种类和特性

缆绳的材质	密度（g/cm³）	耐化学性*			公定回潮率（%）	耐热性（℃）**	
		酸	碱	有机溶剂		软化点	熔点
锦纶（尼龙）	1.14	△	○	○	4.5	200	215
涤纶（聚酯）	1.38	○	△	○	0.4	230~240	260
维尼纶	1.26	△	○	○	5.0	220	230
氯纶（聚乙烯）	0.95	○	○	△	0	110	125~130
丙纶（聚丙烯）	0.91	○	○	△	0	140~160	165

* "○" 为抵抗性强，"△" 根据条件而恶化。

** 耐寒性为零下 40~50℃。

丙纶（聚丙烯）制品密度最小，多用于系泊缆绳，其他 4 种制品也根据适用对象不同而分别使用。这些合成纤维缆绳除了用作网箱网衣之外，还被广泛用于渔具材料，如网箱浮子、网囊吊绳或定置网等，其有以下特点[18]：

（1）耐海水性强，不会因闷热潮湿而受腐蚀；

（2）重量轻、强度大；

（3）密度小，有柔性，吸水性极小，有的甚至完全不吸水，即使吸水或与水化合，也不会变硬，容易处理；

（4）伸缩性优于钢丝绳、马尼拉绳，即使受到暴风或强浪冲击，也具有抵抗力，由于具有弹性，即使受到冲击，也是安全的。合成纤维绳的种类、特性和断裂时的延性分别见表5.9和图5.14；

（5）抗摩擦性能强。

表 5.9　缆绳断裂时的延性

合成纤维缆绳名	断裂时的延性（%）	
	干燥时	湿润时
锦纶（尼龙）缆绳	35～40	40～45
涤纶（聚酯）缆绳	25～30	25～30
维尼纶缆绳	25～30	30～35
丙纶（聚丙烯）缆绳	25～30	25～30
氯纶（聚乙烯）缆绳	28～33	28～33

不同材质的合成纤维长时间暴露在紫外线中，其老化程度也有差别，因此网衣和定置网一般选用耐紫外线的黑色或者灰色材料，并根据耐用年数选择材质和缆绳的线径。

表5.10为5种200 m合成纤维不同线径情况下的质量，表5.11为5种合成纤维不同线径情况下的抗拉强度。合成纤绳的质量根据原材料的种类、品质、缆绳结构、处理方式及干燥状态而不同，一般合成纤绳产品的直径用φDmm表示，则长度200 m的质量可以用公式 $W=k_1D^2$ 来表示[19]。绳长200 m为一个计量单位，称为1 coil，也是一个交易单位。抗拉强度以法定计量单位的国际单位（SI）千牛顿（KN）和表示重量的单位千克力（kgf）共同表记。

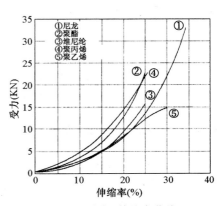

图 5.14　受力-伸缩率曲线

表 5.10　合成纤维缆绳的质量（kg/200 m：JIS 摘录）

线径（φmm）	锦纶（尼龙）L-2704 三股绳	涤纶（聚酯）L-2707 纺织绳	维尼纶 L-2703	丙纶（聚丙烯）L-2706 单丝	氯纶（聚乙烯）L-2705 三股绳
5	3.08	3.41	3.13	2.48	2.60
10	12.3	13.5	12.4	9.90	10.3
20	48.9	53.4	49.0	39.5	41.1
30	109	119	109	88.5	92.5
40	195	211	194	158	164
50	304	329	302	248	257
60	438	472	433	356	370
80	777	836	767	634	657
100	1 210	1 310	1 200	990	1 030
质量系数 k_1	0.121 9	0.132 6	0.121 7	0.098 9	0.102 9

表 5. 11　合成纤维缆绳的抗拉强度（JIS 摘录）

缆绳的种类	锦纶（尼龙）		涤纶（聚酯）*		维尼纶		丙纶（聚丙烯）		氯纶（聚乙烯）**	
线径（φmm）	kN	tf	kN	tf	kN	tf	kN	tf	kN	tf
5	4. 90	0. 50	2. 45	0. 25	2. 26	0. 23	2. 65	0. 27	2. 65	0. 27
10	18. 1	1. 85	10. 2	1. 04	9. 32	0. 95	9. 71	0. 99	9. 71	0. 99
20	70. 9	7. 23	38. 0	3. 87	34. 8	3. 55	36. 6	3. 73	36. 1	3. 68
30	151	15. 4	80. 7	8. 23	74. 0	7. 55	77. 9	7. 94	76. 8	7. 83
40	258	26. 3	138	14. 1	127	12. 9	133	13. 6	131	13. 4
50	390	39. 8	209	21. 3	191	19. 5	201	20. 5	198	20. 2
60	547	55. 8	293	29. 9	269	27. 4	282	28. 8	279	28. 4
80	935	95. 3	500	51. 0	459	46. 8	482	49. 2	476	48. 5
100	1 410	144	757	77. 2	694	70. 8	731	74. 5	721	73. 5

* 复丝。

** 1 级，9. 806 65 kN＝1 tf。

5.6　网箱系泊的水动力学特性

本节将引用相关文献[20-23]中的公式及计算题例，主要介绍网箱系泊的水力学参数，具体包括：海水养殖网箱内外的海水交换及网箱系泊设施的流体力、系泊浮子的浮力、系泊绳张力，以及网箱安装导致的养殖区域的流场变化等。

5.6.1　网箱内外的流速

网箱外侧的流速设为 u（m/s），内侧的流速设为 u'（m/s），u'/u 如下式所示。

方形网箱：

$$u'/u = 0.5 + (0.25 - C_D d/s)^{1/2} \tag{5.1}$$

圆形金属网：

$$u'/u = 0.5 + (0.25 - \alpha C_D d/4s)^{1/2} \tag{5.2}$$

式中，d 为网的线径；s 为网目；C_D 为阻力系数（表 5.12）；α 为常数（定量），菱形金属网或菱目化纤网的 $\alpha = 5.403$，波纹金属丝网或方目化纤网的 $\alpha = 4.142$。

5.6.2　作用于网衣的流体力

作用于网片每单位长度的流体力 f 由下式算出。

$$f = u^2 C_D W_0 d/sg \tag{5.3}$$

式中，u 为流速（m/s）；C_D 为阻力系数；W_0 为海水单位体积重量 kg/m³；d 为网线径（m）；s 为网目（m）；g 为重力加速度（9.8 m/s²）。

5.6.3　作用于网箱的流体力

1) 方形网箱：如图 5.15 所示，作用于网箱水下部分的总流体力为 F，

$$F = F_1 + F_2 + 2F_3 + F_4 \tag{5.4}$$

$$F_1 = f_1 \ell_1 \ell_3, \qquad f_1 = 2Ku^2 \tag{5.4.1}$$

$$F_2 = f_2 \ell_1 \ell_3, \qquad f_2 = 2Ku'^2 \tag{5.4.2}$$

$$F_3 = f_3\ell_1\ell_2, \qquad f_3 = Ku^2 \tag{5.4.3}$$

$$F_4 = f_4\ell_2\ell_3, \qquad f_4 = Ku^2 \tag{5.4.4}$$

$$K = C_D W_0 d/2sg \tag{5.4.3}$$

式中，$F_1 \sim F_4$ 为作用于侧网 4 面和底网的力：F_1 为作用于迎流侧的力，F_2 为逆流侧的力，F_3 为作用于侧面的力，F_4 为作用于底网的力；ℓ_1 为侧网的浸水深度（m）；ℓ_2、ℓ_3 为方形网箱的纵、横两边的长度（m）；W_0 为水的单位重量（t/m^3）；g 为重力加速度（9.8 m/s^2）；其他参照式（5.1）和式（5.2）。

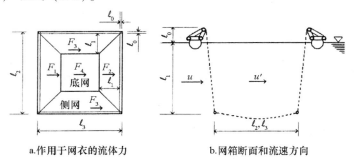

图 5.15　作用于方形网箱的流体力

2）圆形网箱：作用于网箱水下部分的总流体力为 F，

$$F = （C_D W_0 dRD/2sg）\times [\alpha（u^2 + u'^2）+ \pi Ru^2/D] \tag{5.5}$$

式中，R 为网箱半径（m）；D 为侧网浸水深度（m）。

表 5.12　阻力系数

ℓ/d	阻力系数（C_D）	ℓ/d	阻力系数（C_D）	ℓ/d	阻力系数（C_D）
	板材		圆柱		角材
1	1.05	1	0.63	1	1.12
2	1.08	2	0.68	2	1.15
4	1.13	5	0.74	4	1.19
5	1.14	10	0.82	5	1.20
10	1.25	20	0.90	10	1.29
15	1.38	15	0.95	15	1.34
20	1.50	40	1.00	20	1.50
∞	2.00	≤	—	∞	2.00

注：由于角材的 C_D 为 $\ell/d=1$，∞ 的实测数据，而考虑到板材、圆柱的特性，将板材的 C_D 记为 Y_P，角柱的 C_D 记为 Y_S，表中数据为 $Y_S = Y_P - 0.07（20 - 1/a）/19$ 所求出的值。

【计算例 1】有一半径 $R = 15$ m，侧网浸水深度 $D = 9.5$ m 的圆形金属网箱，求网箱内流速 u'（m/s），以及作用于该网箱的流体力 F（t）。已知网箱为菱形金属网，线径 $d =$

101

$\phi 4.0$ mm，网目 $s=50$ mm，海水的单位重量为 1.025 t/m³。

假设表 5.12 中，网目 $s=\ell$，由 $\ell/d=12.5$，可得圆柱的阻力系数 $C_D=0.88$，故根据式（5.2）可得：

$$u'/u = 0.5+ （0.25- \alpha C_D d/4s）^{1/2}$$
$$= 0.5+ [0.25-5.403\times0.88\times0.004\div（4\times0.05）]^{1/2}=0.89$$

因此，网箱内流速 $u'=0.89u$ m/s。

由式（5.5）可得出作用于网箱的流体力（F）：

$$F = （C_D W_O dRD/2sg）\times \{\alpha（u^2+u'^2）+\pi Ru^2/D\}$$
$$= [0.88\times1.025\times0.004\times15\times9.5\div（2\times0.05\times9.8）]$$
$$\times \{5.403[u^2+（0.89u）^2]+3.14\times15\times u^2\div9.5\}=14.64u^2 \text{t}$$

综上，若为防止附着生物而缩小网目的话，则阻力系数就会变大，网箱内流速 u' 减小，流体力 F 增大。

5.6.4　系泊浮子的浮力和系泊绳的张力

（1）系泊浮子的最小浮力 F_{UA}，

$$F_{UA}>nFh/（La^2-h^2）^{1/2} \tag{5.6}$$

（2）作用于系泊绳的张力

$$T=nFLa/（La^2-h^2）^{1/2} \tag{5.7}$$

式中，n 为连结网箱的台数；F 为根据式（5.4）和式（5.5）计算出的加在 1 台网箱上的值；La 为系泊绳（锚绳）长度（m）；h 为水深（m）。

【计算例 2】有一水深 30 m 的养殖场，方形金属网箱规格为纵×横×深 = 10 m×10 m×10 m，沿水流连续连结 8 台，求其系泊浮子浮力 F_{UA}（t）和系泊绳张力 T（t）。菱形金属网的线径 $\phi=3.2$ mm，网目 40 mm，侧网浸水深度 9.5 m，已知养殖场为静稳海域，海水流速为 0.5 m/s，海水的单位重量 1.025 t/m³，水深 25 m，系泊索长度 55 m。

由式（5.1），$u'/u = 0.5+ （0.25-C_D d/s）^{1/2}$
$$= 0.5+ （0.25-0.88\times0.003 2\div0.04）^{1/2}=0.92$$

可得 $u'=0.92u=0.92\times0.5$ m/s $=0.46$ m/s。

由式（5.4），可得作用于 1 台网箱的流体力 F，

$$F = F_1+F_2+2F_3+F_4$$
$$=2Ku^2\ell_1\ell_3+2Ku'^2\ell_1\ell_3+2Ku^2\ell_1\ell_2+Ku^2\ell_2\ell_3$$
$$= 0.175+0.148+0.175+0.092 = 0.590 \text{ t}[①]$$

其中，$K=C_D W_O d/2sg=0.88\times1.025\times0.003 2\div（2\times0.04\times9.8）=3.68\times10^{-3}$。

（1）由式（5.6）可得出系泊浮子浮力 F_{UA}：
$$F_{UA}>nFh/（La^2-h^2）^{1/2} = 8\times0.590\times25\div（55^2-25^2）^{1/2}=2.41 \text{ t}$$

（2）由式（5.7）可得出作用于系泊绳的张力 T：
$$T=nFLa/（La^2-h^2）^{1/2} = 8\times0.590\times55\div（55^2-25^2）^{1/2}=5.30 \text{ t}$$

如采用图 5.5 的 4 个系泊浮子，6 根系泊绳的 8 台方形网箱的连结系泊方式，在网箱形

---

　①　译者注：原著为 0.682 t，有误，此处经计算应为 0.590 t。

状、系泊绳长度及海况各数值与计算例 2 相同时，系泊浮子浮力 = 2. 41 t÷4 个 = 603 kg/个，系泊绳张力 = 5. 30 t ÷ 6 根 ≈ 0. 88 t/根。系泊绳采用 φ30 mm 的丙纶（聚丙烯）缆绳时，由表 5. 11 可知，因该缆绳的拉力是 7. 94 t，7. 94÷0. 88≈9. 0，即系泊索强度的安全系数可达 9 倍以上。

5.6.5　网箱养殖区的流速变化

设海水养殖区放置网箱前的流速为 u（m/s），放置后，因网箱对流体的阻流作用，流速为 u'（m/s），

$$u'/u = 1÷（1+K_T/2A） \tag{5.8}$$

式中，A 为安放水域的横断面积（m²，图 5. 16 中 Y-Y′间的距离×水深），K_T 的计算式为

（1）方形网箱，$K_T = （nC_D d/s） × [2\ell_1\ell_3 （1+\beta^2）+2\ell_1\ell_2+\ell_2\ell_3]$ \tag{5.9}

$$\beta = 0. 5+ （0. 25-C_D d/s）^{1/2} \tag{5.10}$$

（2）圆形网箱，$K_T = （nC_D dRD/s） × [\alpha （1+\beta^2）+\pi R/D]$ \tag{5.11}

$$\beta = 0. 5+ （0. 25-\alpha C_D d/4s）^{1/2} \tag{5.12}$$

式中，n 为网箱台数；C_D 为阻力系数；d 为金属网线径；s 为网目；D 为侧网浸水深度；ℓ_1，ℓ_2，ℓ_3 参照图 5. 14；R 为网箱半径；α 为常数 [参照式（5.1）和式（5.2）]。

【计算例 3】在图 5. 16 的海水养殖场中，安放了 800 台圆形金属网箱，网箱形状为直径 φ6 m 的圆形网箱，侧网浸水深度 5. 5 m，线径 φ3. 2 mm，网目 50 mm，为菱形金属网。假设安放前流速为 0. 5 m/s，求网箱安放后的流速。已知养殖水域横断面积为 Y-Y′之间的距离 1 700 m×平均水深 30 m = 51 000 m²。

根据式（5.11）和式（5.12），

$$K_T = （nC_D dRD/s） × [\alpha （1+\beta^2）+\pi R/D]$$
$$= （800×0. 86×0. 003 2×6×5. 5÷0. 05） × [5. 403× （1+0. 92^2）+3. 14×6÷5. 5]$$
$$= 19 472. 40$$
$$\beta = 0. 5+ [0. 25-5. 403×0. 86×0. 003 2÷ （4×0. 05）]^{1/2} = 0. 92$$

由式（5.8）可得：

$$u'/u = 1÷ （1+K_T/2A） = 1÷ [1+19 472. 40÷ （2×51 000）] = 0. 84$$

因此，$u' = 0. 84u = 0. 84×0. 5 = 0. 42$ m/s。

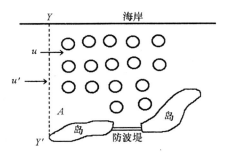

图 5. 16　网箱设置前后的养殖水域流速

5.6.6 养殖鱼类回转运动引起的海水交换

在生性好动鱼类的养殖网箱内,可以见到水面中央有集中水泡或浮游生物的现象,这是因为鱼类循环游动引起网箱内海水形成循环流,在离心力作用下,水面中部产生凹形漩涡,尤其当幼𫚕成群朝一个方向作圆形运动时,如进行潜水检查的话,从附着在网上的海藻类和水螅纲虫类的振动,可观察到因鱼类的回转运动,海水从底网流入网箱内,再流向侧网外侧的现象。这种从网箱底面被吸上来、因离心力流到网箱侧面的网箱内外海水交换量可由下式算出。算式以圆形网箱为对象,针对方形网箱,适用于内接圆形网箱。

从侧网流出的流速为 u（m/s）,每单位时间内海水交换量为 q（m³/s）,

$$u = R\omega_W \{s/3C_D d \ (1+2D/R)\}^{1/2} \tag{5.13}$$

$$\omega_W = \omega/ \ (\rho V/W - \rho/\sigma_f) = \omega/ \ (\rho V/W - 1) \tag{5.14}$$

$$\omega = 2\pi/T \tag{5.15}$$

$$T = 2\pi R/v \tag{5.16}$$

$$q = 2\pi RDu \tag{5.17}$$

式中,R 为网箱半径（m）;D 为侧网浸水深度（m）;d 为金属网线径（m）;s 为网目（m）;C_D 为阻力系数;ω_W 为海水的旋转角速度（rad/s）;ω 为鱼的旋转游动角速度（rad/s）;ρ 为海水密度（kg/m³）;σ_f 为鱼的密度,通常 $\rho/\sigma_f \approx 1$;W 为养鱼量（kg）,V 为网箱浸水容量（m³）,W/V 为放养密度（kg/m³）;T=鱼类回转一周的时间;v 为鱼的游动速度（m/s）。

【计算例4】在纵×横×深=12 m×12 m×8 m 的方形金属网箱内,以 10 kg/m² 的放养密度养殖幼𫚕。菱形金属网的线径 ϕ4.0 mm,网目 50 mm,侧网浸水深度 7.5 m,海水密度 1 025 kg/m³,假设鱼的平均游动速度为 1.2 m/s,求从底面流向侧方的海水交换量。

按半径为 6 m 的圆形网箱计算,由式（5.14）～（5.16）可得:

$$T = 2\pi×6÷1.2 = 31.4 \text{ s}$$

$$\omega = 2\pi/T = 2×3.14÷31.4 = 0.2 \text{ rad/s}$$

$$\omega_W = \omega/ \ (\rho V/W - 1) = 0.2÷ \ (1\ 025×1/10 - 1) = 0.001\ 97 \text{ rad/s}$$

由式（5.13）,流向侧方的流速 u（m/s）为:

$$u = R\omega_W \{s/3C_D d \ (1+2D/R)\}^{1/2}$$
$$= 6×0.001\ 97× \{0.05÷[3×0.88×0.004× \ (1+2×7.5÷6)]\}^{1/2}$$
$$= 0.015 \text{ m/s}$$

根据式（5.17）,海水交换量 q（m³/s）为:

$$q = 2\pi RDu = 2×3.14×6×7.5×0.015 = 4.24 \text{ m}^3/\text{s}$$

参考文献

[1] 日野顕徳. ハマチ養殖安定供給の決め手について. かん水,1980,（185）:1-7.

[2] 持続的な養殖生産確保法関係法令集. 水産庁監修. 東京:成山堂書店,2000:36-55.

[3] 那須敏朗. 海面養殖における適正放養密度とは?. アクアネット,2000,3（3）:22-25.

[4] 南沢 篤. ハマチ養殖の決め手はここだ,曲がり角にきたハマチ養殖事業を立て直すために. 養殖,1979,16（3）:99-102.

[5] 桑 守彦. 金網生簀に関する研究,I. 金網および生簀構造. 水産土木,1980,11-32.

[6] 熊井英水. クロマグロの養殖設施と養成環境. 養殖,2002,39（4）:64-68.

［7］ 松井英雄. 柔構造生簀の設計理論と性能，高密度ポリエチレン製生簀枠の有用性. アクアネット，1999，2（7）：39-44.

［8］ 内藤秀策. ノルウェーの魚づくりに学んだこと. アクアネット，1999，2（7）：26-31.

［9］ ホアキン-アルバラヘッホ-ロペス，乗田孝男. スペインのクロマグロ蓄養事業. アクアネット，1999，2（9）：28-32.

［10］ 石田義久. 高知県における外海魚類養殖施設の開発試験について. 水産土木，1982，19（1）：39-40.

［11］ 中北征男. 沖合養殖施設の設計と問題点. 水産土木，1982，19（1）：53-56.

［12］ 川島一男. 沖合仕上げで品質向上を図るブリ養殖. 養殖，1987，27（11）：96-61.

［13］ 石田義久，山口光明，広田仁志，新谷淑生. 養魚施設. 昭和56年度高知県水産試験場事業報告書，1983，第79巻：37-69.

［14］ 鹿屋漁業協同組合. 沈下式生簀によるハマチ養殖. 養殖，1983，20（1）：30-34.

［15］ 近磯靖. 網生簀の事例. 養殖，1999，36（5）：70-77.

［16］ 平野礼次郎. 海産魚の増養殖. 水産技術と経営，1978，（166）：60-77.

［17］ 荒巻孝行. 耐波性イケスによる沖合養殖. 養殖，1987，24（5）：61-64.

［18］ テザック. Fiber Rope（TEZAC技術資料）. 大阪：テザック，2000：49.

［19］ 本多勝司. 漁具材料. 東京：恒星社厚生閣，1981：5-10，33.

［20］ 中村充. 水産土木学. 東京：工業時事通信社，1979：456-467.

［21］ 中村充. 海水交換. 海面養殖と養魚場環境，東京：恒星社厚生閣，1991：89-98.

［22］ 丸山為蔵，中村充，中北征男. 養殖施設. 東京：設計・施工のための農林水産土木ハンドブック，建設産業工業会，1976：1127-1132.

［23］ 中北征男. 海面養殖施設設計の現状と課題. 養殖，1989，26（13）：37-40.

第6章　金属网的腐蚀及原因

6.1　腐蚀现象及其种类

除一部分贵金属（稀有金属）外，几乎所有的金属在自然界中与氧气、硫黄、水、碳酸等结合后，形成了稳定的化合物——矿石。要从矿石中提炼出各种金属，需要通过冶炼工序强行分离出单体金属。分离后，金属表面再与周围环境发生反应，逐渐回归至原来稳定的化合物——矿石。这种金属表面变为金属化合物而被消耗掉的现象就是"腐蚀"。"生锈"这个词主要用于铁或铁合金，指铁或铁合金腐蚀后产生红锈——氢氧化铁的情况，非铁金属类叫作"腐蚀"，而不称"生锈"。金属腐蚀的种类和形式如图 6.1 所示[1]。腐蚀（Corrosion）通常指金属的化学腐蚀。

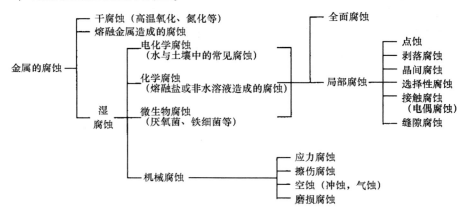

图 6.1　金属腐蚀的种类和形式

暴露在水、土壤等自然环境中的金属表面，由于被水之类的电解质附着或浸泡，发生电化学反应，呈现出湿腐蚀（液体腐蚀）。微生物造成的腐蚀属于电化学性腐蚀，机械腐蚀也是在电化学作用下产生的。

6.2　金属腐蚀的原因

6.2.1　金属的电位

金属浸泡在含有金属离子的溶液中时，金属中的金属离子向溶液渗透，产生电离溶压

P，同时溶液中的金属离子向金属内部渗透，产生渗透压 p，二者相互作用。提炼时，加入大量能量的金属，电离溶压 P 大于渗透压 p，因而金属离子渗到溶液中，而电子还在金属内。

如图 6.2（A）所示，金属对溶液呈负（贱）电位，这种金属叫作"贱金属"。如图 6.2（B）所示，有的金属 p 比 P 大，提炼时不需要消耗过多能量，这种金属与贱金属完全相反，金属对溶液呈正（贵）电位，其被称为"贵金属"。根据金属种类不同，以及液体中离子的种类、浓度的不同，各金属的电位值也不同。这些电位 E（v）可用下式（"能斯特方程"）表示：

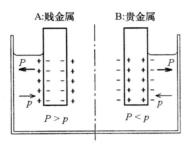

图 6.2　金属的电位

$$E = （RT/ZF）\ln（p/P）\tag{6.1}$$

式中，R 为气体常数 $[8.314\ J/（deg \cdot mol）]$；$T$ 为绝对温度（℃ $+273.16$）；Z 为原子价；F 为法拉第常数（96 500 coul）。

E 根据溶液里离子浓度可变为下式：

$$E_2 = E_1 + （0.058/Z）\log（C_2/C_1）\tag{6.2}$$

式中，E_1 为离子浓度 C_1 时的电位；E_2 为离子浓度 C_2 时的电位。

另外，只有一种金属浸泡在溶液中时的电极电位被称为平衡电位。1 000 g 液体中含有 1 g 分子的金属离子溶液中，用氢电极测定的电位称为标准电极电位，如表 6.1 所示。

表 6.1　金属的标准电极电位（氢电极基准，25℃）

贱金属				贵金属	
原子，离子	电位（V）	原子，离子	电位（V）	原子，离子	电位（V）
Li：Li$^+$	-3.05	Mn：Mn^{2+}	-1.18	H$_2$：2H$^+$	0
K：K$^+$	-2.95	Zn：Zn^{2+}	-0.76	Cu：Cu^{2+}	$+0.34$
Ca：Ca^{2+}	-2.87	Cr：Cr^{3+}	-0.74	2Hg：Hg$_2^{2+}$	$+0.79$
Na：Na$^+$	-2.71	Fe：Fe^{2+}	-0.44	Ag：Ag$^+$	$+0.80$
Mg：Mg^{2+}	-2.37	Cd：Cd^{2+}	-0.40	Pd：Pd^{2+}	$+0.99$
Al：Al^{3+}	-1.66	Ni：Ni^{2+}	-0.25	Pt：Pt^{2+}	$+1.20$
Ti：Ti^{2+}	-1.63	Sn：Sn^{2+}	-0.14	Au：Au^{3+}	$+1.50$
Zr：Zr^{4+}	-1.53	Pb：Pb^{2+}	-0.13	Au：Au$^+$	$+1.68$

如图 6.3 所示，测定电位时，需要将基准电极与待测金属组合制成电池，测定与基准电极的电位差。基准电极也称参比电极（Reference electrode），有氢电极、饱和甘汞电极、氯

化银电极、饱和硫酸铜电极等不同种类。在实际应用上，因为氢电极测定不方便，一般使用饱和甘汞电极等作为基准电极。因此，对于基准电极，待测金属成为阳极（Anode），其数值越小，电极电位越低（贱电位）。反之为阴极（Cathode），其数值越大，电极电位越高（贵电位）。越是低电位的金属，金属所含能量越大，与电解质溶液间的能量差越大，因此越容易腐蚀，与之相反，越是高电位的金属越不容易腐蚀。图6.4 为参比电极中最常使用的饱和甘汞电极（Saturated Calomel Electrode, SCE）的构造，表6.2 为各种参比电极的构成和电极电位[2]。用饱和甘汞电极测定的电位比氢电极测定值约低 0.24 V。例如，锌的氢电极基准电位为−0.76 V（vs. SHE），若换算为饱和甘汞电极基准电位，则为（−0.76）+（−0.24）＝−1.00 V（vs. SCE）。

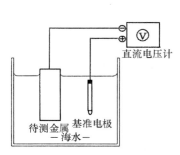

图6.3　电位测定图

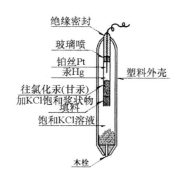

图6.4　饱和甘汞电极的结构

表6.2　各种参比电极的构成和电极电位

种类	构成	氢电极基准电位（V）	饱和甘汞电极基准电位
饱和甘汞电极	Hg/Hg_2Cl_2，饱和 KCl	0.241 5	0
海水甘汞电极	Hg/Hg_2Cl_2，海水	0.295 9	0.054 4
饱和氯化银电极	$Ag/AgCl$，饱和氯化银	0.195 9	−0.045 6
海水氯化银电极	$Ag/AgCl$，海水	0.250 3	0.008 8
饱和硫酸铜电极	$Cu/CuSO_4$（饱和）	0.316 0	0.074 0

6.2.2　局部电池腐蚀

如金属被浸泡在水、土壤等电解质中，由于金属成分不均一、杂质、组织或结晶体的方向性、制造或使用过程中的内部应力、表面状态、表面附着物等原因，以及与金属接触的溶液或电解质离子的种类及浓度、溶解气体（氧气、氢气、二氧化碳等）的浓度及流速、温度等环境因子也存在不均一之处，金属表面会形成由无数个电位不同的点构成的微弱的局部电池（Local cell）（图6.5）。如图6.6所示，金属中的电子从电位低的部分（阳极）向电位高的部分（阴极）移动，金属阳极失去电子，成为阳离子，溶解到电解质中，形成电流，阳极部分的金属就会溶解，这种过程就是常见的电化学作用下的"腐蚀"。造成电位不同的原因有以下几种[3]：

（1）成分不均匀：存在金属性或非金属性杂质，合金的组成成分分布不均匀，固溶度（结晶体对其他溶体的溶解度）不完全相同；

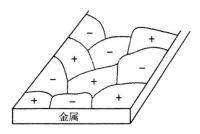

图 6.5 金属表面局部电池的构成

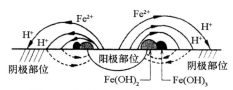

图 6.6 钢铁表面的局部电池作用
（Local-cell Corrosion）

（2）由于加工、热处理造成内部应变不均匀：应变大的部分呈阳极；

（3）温度的差异：温度高的部分呈阳极；

（4）氧化膜不均匀：氧化膜薄弱或没有的部分呈阳极；

（5）水溶液中溶解氧气浓度的差异：接触浓度低部分的金属呈阳极（氧浓差电池，图6.7和图6.8）；

（6）水溶液浓度的差异：接触浓度高部分的金属成为阳极（浓度差电池，液体接界电势电池）；

（7）异种金属的接触：低电位金属呈阳极（电偶腐蚀）。

此外，大型钢铁结构物处于具有较大氧溶度环境水中，两极间的电位差导致阳极部分受腐蚀，这种现象被称为宏电池腐蚀（Macro-cell corrosion），温度差或液体中离子的浓度差也可形成宏电池。

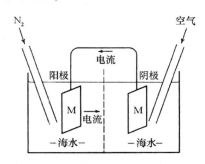

图 6.7 氧浓差电池的原理

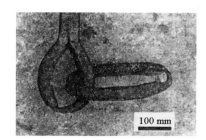

图 6.8 氧浓差导致的锚环腐蚀

6.2.3 电偶腐蚀

在水或泥土中进行金属架构的施工中，常遇到采用两种或两种以上不同金属的状况，若将电位不同的两种金属如铁和铜，连接通电，浸泡在液体中，则铁的表面受腐蚀，而铜的表面防腐。如图6.9所示，这种腐蚀现象叫作"异种金属接触腐蚀"，通常采用专业术语叫作"电偶腐蚀（Galvanic corrosion）"。

1）阳极产生的反应

铁的电位低于铜，因而容易发生离子化，若将铁和

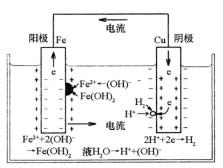

图 6.9 电偶腐蚀电池

铜同时浸泡在导电液体中，铁的电子被高电位的铜吸引，电子移动产生电流。电流方向与电子移动的方向相反（电子传导），铁变为离子渗到液体里，电流从阳极流到液体中的阴极方向（离子传导）。把具有低电位的铁 Fe 叫作阳极（Anode），具有高电位的铜称为阴极（Cathode）。阳极产生如下反应：

$$Fe \rightarrow Fe^{2+} + 2e \tag{6.3}$$

$$Fe^{2+} + 2OH^- \rightarrow Fe(OH)_2 \tag{6.4}$$

$$2Fe(OH)_2 + 1/2O_2 + H_2O \rightarrow 2Fe(OH)_3 \tag{6.5}$$

式（6.3）中，铁被分解为离子和电子，电子向铜的方向移动，Fe^{2+} 表示其移动情况。水以一定比例电离。即变为：

$$H_2O \rightarrow H^+ + OH^- \tag{6.6}$$

Fe^{2+} 与水中的 OH^- 发生式（6.4）的反应，形成氢氧化亚铁 $Fe(OH)_2$，同时水中的 OH^- 被消耗，H^+ 残留，所以阳极附近液体中氢离子浓度变高，为酸性。由于水中一般存在溶解氧，所以由式（6.5）的反应，产生氢氧化铁 $Fe(OH)_3$，即红锈。

2）阴极产生的反应

阴极发生下列反应：

$$2H^+ + 2e \rightarrow 2H \rightarrow H_2 \tag{6.7}$$

$$2H \rightarrow H_2 \tag{6.8}$$

$$2H + 1/2O_2 \rightarrow H_2O \tag{6.9}$$

$$1/2O_2 + H_2O + 2e \rightarrow 2OH^- \tag{6.10}$$

酸性液体或无氧中性、碱性液体中会发生式（6.7）的反应，2e 是由铁移动到铜，H^+ 由水的电离产生，H^+ 被消耗后，阴极附近液体中的 OH^- 浓度增加，变为碱性。若水中氧较少，会产生式（6.8）的反应，阴极面被气体氢覆盖，若式（6.8）发生反应，阴极面电位降低，接近铁的电位，两极间电位差减少，腐蚀也会减少，这种阴极电位的降低现象叫作阴极极化。

另一方面，若水中溶解大量氧，会按式（6.9）发生反应，氢气几乎不产生，阴极极化变小，继续发生腐蚀。氧溶于中性或碱性溶液时，发生式（6.10）的反应，氧被还原成 OH^-，阴极附近的液体变成碱性，因而阴极极化减少，腐蚀继续发生。这种阴极极化削弱的现象叫作去极化。抑制阴极产生氢离子或减少阴极极化的物质叫作去极化剂，腐蚀不被抑制，继续进行。

电位低的金属（贱金属）容易离子化，电位高的金属（贵金属）难以离子化，即电位表示腐蚀的难易程度。图 6.10 为流动海水中各种金属的饱和甘汞基准电位[4]。图中，贱金属（右侧）和贵金属（左侧）接触后，腐蚀加速。

曾经遇到过金属网箱的电偶腐蚀的情况：为了防止网箱线上寄生附着生物，在镀锌铁丝的金属网上涂铜系的防污涂料，结果却促进了金属网的腐蚀，线径减小到快破网的程度。其原因在于：导电性涂料含有铜，其主要成分铜与低电位镀锌表面和镀锌层损耗后的铁丝表面存在电位差，所以加剧了金属网的腐蚀。

以上虽是电偶腐蚀原理的一个例子，但前述局部电池腐蚀也会根据式（6.3）和式（6.4）发生腐蚀，如在同一铁面形成的阳极和阴极之间，阳极产生腐蚀。若将同一金属焊接的试样浸泡在水或泥土中，焊接部分会形成和其他部分不同的结晶形式。因此，焊接部分不仅成为异种金属，也因为热应力集中成为阳极，从而发生电偶腐蚀。

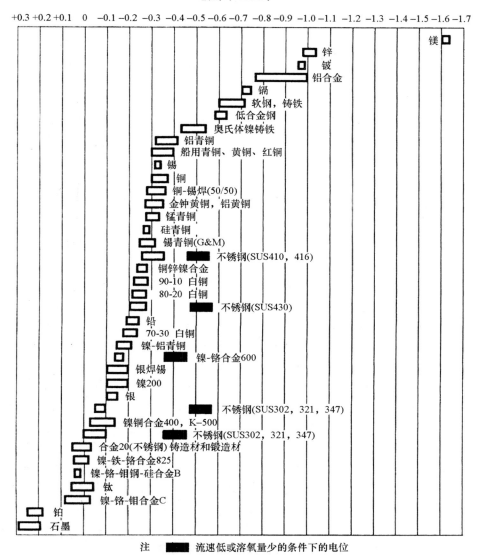

电位(V，vs.SCF)

+0.3 +0.2 +0.1　0　−0.1 −0.2 −0.3 −0.4 −0.5 −0.6 −0.7 −0.8 −0.9 −1.0 −1.1 −1.2 −1.3 −1.4 −1.5 −1.6 −1.7

镁

锌
铍
铝合金
镉
软钢，铸铁
低合金钢
奥氏体镍铸铁
铝青铜
船用青铜、黄铜、红铜
锡
铜
铜-锡焊(50/50)
金钟黄铜，铝黄铜
锰青铜
硅青铜
锡青铜(G&M)
不锈钢(SUS410，416)
铜锌镍合金
90-10　白铜
80-20　白铜
不锈钢(SUS430)
铅
70-30　白铜
镍-铝青铜
镍-铬合金600
银焊锡
镍200
银
不锈钢(SUS302，321，347)
镍铜合金400，K-500
不锈钢(SUS302，321，347)
合金20(不锈钢)铸造材和锻造材
镍-铁-铬合金825
镍-铬-钼钢-硅合金B
钛
镍-铬-钼合金C
铂
石墨

注　█ 流速低或溶氧量少的条件下的电位

图 6.10　海水环境下不同金属及合金的腐蚀电位（50~80°F，8~13 ft/s）

6.2.4　极化

无论是局部电池腐蚀还是电偶腐蚀，当电流从阳极流向阴极时，阳极电位上升，阴极电位下降，这被称为"阳极极化"或"阴极极化"，如图 6.11 所示，阳极极化线和阴极极化线在某点相交，在这个交点上电流恒定，该电流被称为腐蚀电流，交点处对应的电位被称为"自然电位"或"腐蚀电位（Free corrosion potential）"。若交点向右移动，腐蚀变强，向左移动，则变弱。当阳极开路电位变低，或阴极开路电位变高（开路电位是指阳极和阴极不导通时各自固有的电位），或各极化曲线斜率小的时候，交点越往右移，腐蚀就越强。因此，阳极极化曲线的斜率可通过在阳极表面涂抹耐蚀层或附着细密紧致的腐蚀生成物，而使其变大，从而减少腐蚀。自然环境中，阴极开路电位和阴极极化对腐蚀的影响最大。当离子浓度或溶解氧浓度高、金属表面加工粗糙、液体流速大、硫酸盐还原菌繁殖时，阴极开路电位变高或阴极极化减弱，腐蚀增强。因此，在阴极面涂刷耐蚀层或添加缓蚀剂，阴极极化增强，腐蚀减弱。另外，加入小电流后，电极电位变化大的情况，叫作"极化电阻大"，反之，即便加入大电流，电位也没什么变化的情况，叫作"极化电阻小"。由于腐蚀速度与极化电阻成反比，因此可使用"线性极化电阻法"来测定不断变化的腐蚀速度[5]。

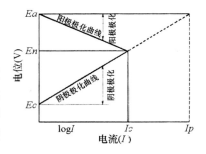

图 6.11　极化图

Ea. 阳极开路电位；*En*. 自然电位；

Ec. 阴极开路电位；*Ic*. 腐蚀电流；

Ip. 防蚀电流

6.2.5　生物腐蚀

1）附着生物造成的腐蚀

附着生物反复附着和脱落，和腐蚀生成物一起剥离，造成新的腐蚀。在生物黏泥或紫拟菊海鞘等软体生物附着表面，往往混杂着全面腐蚀、局部腐蚀和由此产生的点蚀，因此腐蚀程度由附着生物的覆盖程度所决定[6,7]。当金属表面混杂着附着生物的着生面和非着生面时，如图6.12a所示，石灰质分泌生物（如牡蛎、藤壶类等）外壳的黏着面与外界隔断，不产生腐蚀[8-10]。但在不锈钢或镍表面，藤壶类外壳的黏着周围会发生缝隙腐蚀或点蚀[11-16]，图6.12b～c为其中一例，同样的腐蚀现象也发生在螺栓和螺母连接处的金属之间，或发生在金属与非金属接触部位的缝隙[5,17,18]，即在藤壶类的黏着部分，如图6.13所示，外壳边缘和金属面有缝隙，会阻碍海水流动，缝隙间的溶解氧浓度极少，pH值也减少，成为阳极，稍远的表面含氧多成为阴极，形成氧浓差电池。腐蚀电流从阳极流向阴极，阳极面产生缝隙腐蚀（Crevice corrosion）或点蚀（Pitting）。另外，在剥离了藤壶类壳的金属面呈现其成长过程的年轮状痕迹，而处于生长期的藤壶类附生基盘周围几乎不发生缝隙腐蚀。

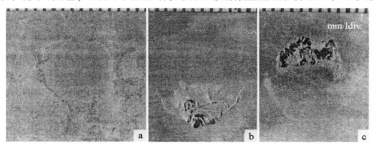

图 6.12　藤壶类附着物造成的腐蚀[6]

a. 软钢（SS400），藤壶壳附着面的涂层防腐及其周边的全面腐蚀；

b. 不锈钢（SUS304），藤壶壳周围的缝隙腐蚀和点蚀；c. 同上，藤壶的附着痕迹和点蚀

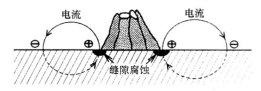

图 6.13　藤壶类附生部分的缝隙腐蚀

2）细菌造成的腐蚀

一般发生腐蚀，氧和水的存在是必需的。与腐蚀有关的细菌种类有需氧类，如铁细菌、氢细菌、硫氧化菌等；还有厌氧类，如硫酸盐还原菌、硝酸盐还原菌、甲烷发酵菌等[19]。

铁细菌（Iron bacteria）多见于土壤、地下水、自来水或工业用水的锈水和管道的锈块中。铁细菌之所以促进腐蚀，是因为：①氧化亚铁离子变为不溶性铁离子；②使锈块内无氧，促进厌氧菌的产生；③制造生物黏泥，在铁表面形成氧浓差电池。

在含有溶解氧的水中，铁的腐蚀以下列公式发生反应：

$$Fe+2H_2O \rightleftharpoons Fe（OH）_2+2H \tag{6.11}$$

铁细菌把 Fe（OH）$_2$ 变成不溶性的 Fe（OH）$_3$，使反应式向右进行。这样的反应是纯化学性的，但微生物进一步促进反应的速度。

铁细菌的第二个作用是消耗水中的氧，制造厌氧性条件。水流不断的地方氧充足，但在像锈块内部无水流的地方，铁的氧化反应旺盛，逐渐成为无氧状态。

第三，铁细菌单独或与其他菌类共同形成生物黏泥的膜，使得黏膜与铁表面接触的部分变成无氧状态。因此，铁表面产生氧梯度，形成氧浓差电池，这是产生局部腐蚀的原因。

另一方面，硫酸盐还原菌（Sulfate Reducing Bacteria，SRB）具有在厌氧条件下发生腐蚀的特点。一般而言，腐蚀应该靠氧化，在缺氧或无氧条件下难以发生腐蚀，但实际上即便在污水或石油井水等极其缺氧的水中，也常常发生不次于有氧条件下的剧烈腐蚀。铁被生物黏泥覆盖的时候，其下面局部区域应该处于无氧状态，但生物黏泥下面却呈现明显的局部腐蚀，这种在厌氧条件下促进腐蚀的细菌代表就是硫酸盐还原菌。此种细菌利用还原硫酸盐时产生的能量而生存，还原时，氢化酶激活氢的同时，还原酶也对接收器硫酸产生作用。由于这种作用，氢被氧化产生去极化，因此腐蚀反应和在有氧条件下一样进行。这种菌利用有机物中的氢还原硫酸盐，使脱氢酶产生的氢迁移转化。一般认为硫酸盐还原菌和其他菌共存时，可利用更多的有机物，这是因为复杂的有机物被其他细菌分解后，成为能被硫酸盐还原菌利用的形式。这种代表性的细菌是 *Saprovibrio desutfuricans*，它广泛分布在海底、土壤、水田、河川及湖沼的底泥中，特别在淮港或大城市排水口附近，繁殖尤为显著。它生存在 pH 值为 5.0~8.0 的范围内。在 pH 值 6.5~7.2，温度 30~35℃，氯化钠浓度 3%左右时，其作用最活跃。

硫酸盐还原菌对腐蚀起到的作用：①使腐蚀反应中产生的氢元素氧化，发生去极化；②产生的硫化氢与铁发生反应，进一步促进腐蚀。即阴极产生的氢和硫酸盐在无氧状态下氧化，发生如下式所示的去极化反应，因此即使处于无氧状态，也会发生腐蚀。

$$H_2SO_4+8H \rightarrow H_2S+4H_2O \tag{6.12}$$

产生的硫化氢与铁反应生成硫化铁（FeS），产生容易脱落的锈，同时因为容积变小产生空隙。

$$2Fe（OH）_3+3H_2S \rightarrow 2FeS+S+6H_2O \tag{6.13}$$

$$FeS+S \rightarrow FeS_2（黄铁矿） \tag{6.14}$$

这种细菌腐蚀的特点是产生点蚀，使得埋在底泥中的金属部分，特别是处于排水不畅的酸性黏土中的金属发生严重的点蚀。

3）生物黏泥与腐蚀

生物黏泥由微生物、海水悬浊物及有机物构成，它不仅促进腐蚀，而且也为附着生物膜（Biofilm）形成提供条件，促进藤壶类大型附着生物的附生[20]。

附着生物黏泥下的铁表面，大多会发生局部腐蚀，内部铁变黑，这是生物黏泥下发生氧消耗或产生二氧化碳的结果，在铁的表面产生这些成分的浓度差，发生电化学性质的局部腐蚀。无氧条件的出现导致厌氧菌的繁殖，硫酸盐还原菌产生硫化氢，它与铁结合成为硫酸铁，生成容易脱落的铁锈的同时，由于体积减小，产生空洞，逐渐发生点蚀。另外，生物黏泥下积存的生物因为死亡分解产生有机酸，这也会直接腐蚀铁[19]。

6.2.6 电解腐蚀

电解腐蚀，又称杂散电流腐蚀（Stray current corrosion），是指沿规定路径之外途径流动的电流，在土壤中流动，电流从金属的某一部位进入，经过一段距离后，又流入土壤，在电流流出部位发生的腐蚀。从使用直流电源的电车轨道漏泄出的电流往往容易发生电解腐蚀，如图 6.14 所示，在电车所在地点，泄露电流进入埋设在轨道旁边的管路，流经管路后到达变电所附近，从那又流

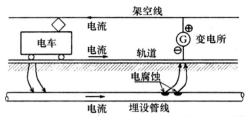

图 6.14　杂散电流对埋设管线造成的电腐蚀

入地下，最终回到轨道或变电所。作为电解腐蚀的预防措施，可在电流流出部位和轨道间设置排流器，防止电流从管路向土壤中流出。电解腐蚀中金属腐蚀的腐蚀减耗量可根据下式法拉第定律计算得出：

$$W = K I t \tag{6.15}$$
$$K = Z/F \tag{6.16}$$

式中，W 为腐蚀减量（g）；K 为电化当量（g/Ah，参照表 6.3）；I 为腐蚀电流（A）；t 为时间（s）；Z 为金属的化学当量（g，Z = 原子量÷原子价）；F 为法拉第常数 96 500（C/mol）或 26.8（Ah）。

表 6.3　金属的电化当量和腐蚀量

金属	离子	原子量	化学当量	电化当量（g/Ah）	1 mA，1 年内通电的腐蚀量（g）
铜	Cu^+	63.55	63.54	2.371	20.8
铜	Cu^{2+}	63.55	31.77	1.185	10.4
铅	Pb^{2+}	207.20	103.60	3.865	33.9
锑	Sb^{3+}	121.75	40.58	1.514	13.3
锡	Sn^{2+}	118.69	59.35	2.142	18.7
锡	Sn^{4+}	118.69	29.67	1.107	9.7
镍	Ni^{2+}	58.71	29.36	1.095	9.6
镍	Ni^{3+}	58.71	19.57	0.730	6.4
镉	Cd^{2+}	112.40	56.20	2.097	18.4
铁	Fe^{2+}	55.85	27.92	1.042	9.1
铁	Fe^{3+}	55.85	18.62	0.695	6.1
铬	Cr^{3+}	52.00	17.33	0.647	5.7
锌	Zn^{2+}	65.37	32.69	1.220	10.7
铝	Al^{3+}	26.98	8.99	0.335	2.9
镁	Mg^{2+}	24.31	12.16	0.454	4.0

6.2.7 空蚀

在与高速水流接触的金属表面，如水泵叶片、船舶推进器、冷凝器管道等，由于其构造或异物沉积，水的流动状态会发生局部变化。即在金属表面流速大、水压小的部分因蒸汽压的关系产生气泡，与其连接处的流速小，水压变大，气泡被压缩最终破裂。这一连串的现象就叫作空穴（Cavitation）现象。

发生空穴现象时，因金属表面有流速差、溶解氧浓度差等，构成局部电池，与气泡破裂时的物理侵蚀作用一起，显著地促进了局部腐蚀，这种腐蚀现象叫作空蚀（Cavitation-erosion）或冲击腐蚀。

6.2.8 应力腐蚀开裂

应力腐蚀开裂（Stress corrosion cracking）是指承受应力的金属在腐蚀性环境中由于裂纹的扩展而发生失效的现象，它在几乎所有的合金材料中都会发生，即便是仅焊接或加工时的残留应力也容易发生应力腐蚀。应力腐蚀开裂分为两种，一种是金属内部因腐蚀失去横切面不到 1 μm 的平面部分，形成断裂，常在含有氯离子 Cl⁻ 的环境中，SUS-304 不锈钢上发生应力腐蚀；另一种是腐蚀产生的氢气进入金属内，使金属变脆，因裂纹扩展导致的应力腐蚀，多发生在高强度的钢材上[21]。

6.3 有关腐蚀与防腐的调查资料

6.3.1 金属试片的表面处理

在金属的腐蚀与防腐状态的判定上，一般使用电位测定法，根据试片的腐蚀减少量求出腐蚀速度和防腐率。

从现实环境回收的试片，在解下捆绑绳和电线固定端子后，为防止腐蚀损耗，在不损害表面状态的前提下，拭干水分密封，快速送到实验室进行处理。试片经表 6.4 的表面处理后称重[22]，根据处理方法不同，有时会产生由处理液引起的少许溶解减量，此时应根据空白处理，事先测定溶解减量。进行表面处理前，在不损伤裸露面的前提下，将试片表面的附着生物残渣及腐蚀生成物去除，然后快速水洗。用酸处理后，浸入 20% NaOH 水溶液快速水洗，经丙酮脱水后称量，再用防锈纸包裹保存在干燥器内。

表 6.4　金属试片的表面处理法

材料	清洗液	处理时间	处理温度	备注
铝及铝合金	70% HNO₃	2~3 min	室温	浸泡后用刷子轻轻擦
	2% CrO₃，5% H₃PO₄	10 min	79~80℃	用 70% HNO₃ 洗不掉时，在该溶液内浸泡一段时间后，再用 70% HNO₃ 处理
铜及铜合金	15% HCl+0.5% 耐酸性缓蚀剂	2~3 min	室温	浸泡后用刷子轻轻擦
	5%~10% H₂SO₄	2~3 min	室温	浸泡后用刷子轻轻擦

材料	清洗液	处理时间	处理温度	备注
钢铁	15%HCl+0.5%耐酸性缓蚀剂	直至洗净为止	室温	
	浓 HCl，50 g/L SnCl$_2$，20 g/L SbCl$_3$	直至洗净为止	低温	
	20%NaOH，200 L 锌末	5 min	沸腾	
不锈钢	10%HNO$_3$	直至洗净为止	60℃	注意不要混入氯化物
锌	先 10%NH$_4$Cl，后 5%CrO$_3$，1%AgNO$_3$	5 min 20 sec	室温 沸腾	浸泡后用刷子轻轻擦
	饱和醋酸氨	直至洗净为止	室温	浸泡后用刷子轻轻擦
	100 g/L NaCN	15 min	室温	

试片的形状为宽×长 = 100 mm×220 mm，是化学天平可称量的最大尺寸。为了能从图片上判断出附着生物的大小和色彩、金属表面状态，如图 6.15 所示，在金属片旁边放置红黑二色的带标度（10 mm/L 刻度）的卷尺[6,7]。

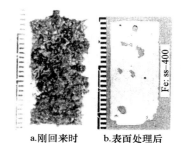

a.刚回来时　　b.表面处理后

图 6.15　处理前后的试片

6.3.2　腐蚀速度的计算式

提前准确测量试片的表面积和重量，重量用化学天平准确到小数点后 4 位。将其置于真实环境中浸泡一段时间后，计算试验前后的重量损失，由下式算出腐蚀量（腐蚀速度）：

$$腐蚀度 \left[g/\left(m^2 \cdot h \right) \right] = \left(W \times T \right) \div \left(A \times t \right) \tag{6.17}$$

$$侵蚀度 \left(mm/a \right) = \left(W \times T \right) \div \left(d \times A \times t \times 1\,000 \right) \tag{6.18}$$

式中，W 为减少的重量（g）；A 为试片表面积（m^2）；t 为试验时间（h）；T 为计算腐蚀度时为 1 h，计算侵蚀度时为 24×365 h；d 为试片的密度（g/cm^3）。

注：在试片上连接测定电位和防蚀电流通电用的导线时，必须使用绝缘导线，电线接口固定部分用环氧树脂包裹，以防止试片和接线端子的电偶腐蚀，另外刻有试片标号（No.）的部位也要包裹，以防腐蚀。

6.3.3　腐蚀量的单位

腐蚀度和侵蚀度的单位如表 6.5 所示，一般侵蚀度用 mm/a 表示。

表 6.5　平均腐蚀速度换算表

腐蚀度

单位	数值比					mm/a
g/（m²·h）	1	0.041 7	0.004 17	0.000 114	0.000 041 7	7.86/D
g/（m²·d）	24	1	0.1	0.002 74	0.001	0.365/D
mg/（dm²·d）	240	10	1	0.027 4	0.01	0.036 5/D
g/（m²·a）	8 760	365	36.5	1	0.365	0.001/D
mg/（m²·d）	2 400	1 000	100	2.74	1	0.000 365/D

侵蚀度（腐蚀消耗速度）

单位	数值比					mm/a
mm/m	1	0.083 3	0.000 083 3	2.12	0.002 12	D/0.003 04
mm/a	12	1	0.001	25.4	0.025 4	D/0.036 5
μm/a	12 000	1 000	1	25 400	25.4	D/36.5
in/a	0.047 3	0.039 4	0.000 039 4	1	0.001	D/0.001 44
mil/a	473	39.4	0.039 4	1 000	1	D/1.44

注：D 为金属的密度。

6.4　海水养殖环境下金属网的腐蚀

金属网箱下水后就被置于海水的腐蚀环境中，镀锌的铁丝网箱，位于水上部的侧网表面即使附着了海盐粒子、海水、饵料飞沫、雨水等，由于在附着处产生了氢氧化锌薄膜，它紧贴在金属网表面，从而发挥了包覆防腐效果。水面下的金属网和底框，镀膜中的残留锌对基材表面（裸铁面）产生牺牲阳极作用的阴极保护效果，所以镀膜即便有缺损的地方也能发挥防腐蚀作用（具体参照第 2 章 2.5 节）。但是这种镀锌防腐效果随着时间的推移而逐渐减弱，尤其水面下的金属网，随着镀膜消耗，基材表面的腐蚀损耗开始，时间一长，会发生破网事故，所以在金属网的维护管理上，必须提前掌握腐蚀原因。因此，我们调查了养殖幼鰤和真鲷的网箱使用一年后的腐蚀情况[23]。

6.4.1　网箱材料的构成

如表 6.6 所示，供调查的金属网箱有两台，均为镀锌铁丝，No.1 用于幼鰤养殖，No.2 用于真鲷养殖，No.1 网箱的金属网、底网及其所有连接材料均为镀锌材质，即由一种材料构成。与此相对，No.2 为无底框的网箱构造（详见图 4.25），侧网和底网通过镀锌铁丝连接，侧网与 No.1 的纵目式不同，No.2 的侧网为横目式，如图 6.16 所示，网衣四边侧网之间的连接通过不锈钢（SUS）环连接，这样使得金属网面对不锈钢面是低电位，呈电偶腐蚀（异种金属接触腐蚀），加快镀锌面及镀膜消耗后基材表面的腐蚀，金属网耐用年限降低。

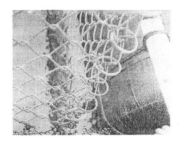

图 6.16　侧网的 SUS 连接环

表 6.6　采样网箱的情况

网箱 No.（材料构成）	No.1（同一材料构成）	No.2（异种金属材料组合使用）
设置场所	宇和岛市大福浦附近海域	奄美大岛诗篠川湾阿室釜附近海域
网箱使用时间	1 年	1 年
养殖鱼类*	幼鲕 2 kg/尾×4 000 尾**	真鲷 0.4 kg/尾×（15 000～18 000）尾
网箱形状（方形网箱）	10 m×10 m×7 m	10 m×10 m×5.5 m
浸水容积	650 m³	500 m³
金属网形状（菱形金属网）	φ3.2 mm×50 mm	φ3.2 mm×45 mm
金属网线材	镀锌铁丝	镀锌铁丝
附锌量	350 g/m²	350 g/m²
侧网连结方式	纵目式、网线连结	横目式、不锈钢环连结***
侧网和底网的连结方式	φ50.6 mm 镀锌钢管	φ5.0 mm 镀锌铁丝（力骨线）
网箱采样部位	侧网和底网	底网端部直上 20 cm 的侧网中央部

　　* 鱼体重量是指养殖结束时的重量。

　　** 混养了 600 kg 丝背冠鳞单棘鲀。

　　*** 形状为 φ3×40 d×300 L（mm）。

6.4.2　同一材料构成网箱的金属网

　　养殖幼鲕 1 年后的 No.1 网箱，在其浮子浸水面、吊绳及底框网箱外侧能看到大量的附着生物，如紫贻贝、藤壶类、海鞘类等。但在安放了 8 个月后，从网箱内侧喷射加压海水（40 kg/m²），对金属网衣进行了清除附着生物的处理，之后为防止生物附着，还混养了总重量 600 kg 的丝背冠鳞单棘鲀（*Stephanolepis cirrhifer*），结果发现如图 6.17 所示，虽在侧网水下 2 m 处散见石莼类，但其他地方几乎无附着生物，也未发现由生物附着引起的腐蚀。

图 6.17　混养丝背冠鳞单棘鲀和附着生物的状态

a. 混养结束时的丝背冠鳞单棘鲀；b. 浮子浸水面长满紫贻贝；

c. 侧网水下 1 m 处仅有少量的海藻类附生

　　1）水面上部金属网的表面状态

　　以可观察到的侧网表面为基准，水面上部的侧网可分割为四层，如图 6.18 所示，分别为海盐粒子带（a）、海水飞溅带（b）、饵料和海水飞溅带（c）及水面沉浮区（d），各层线径腐蚀减耗量和电位（vs. SCE）如图 6.19 所示，图 6.20 为金属网线表面处理后的状态。

　　网线的表面状态：海盐粒子带（a）的氢氧化锌生成处不产生红锈，电位为 -995 mV，近似于锌的自然电位 -1 000 mV，氢氧化锌发挥了耐腐膜的功能。在海水飞溅带（b）与饵料和海水飞溅带（c），氢氧化锌面渗出红锈液，硬化膨胀，（c）层的红锈液渗出量多且呈棕色。

　　（b）、（c）层腐蚀的原因是：（b）、（c）层的网线表面在波浪大时与海水接触，投饵时由于幼鰤快速聚集到水面的饵料处，形成比平时高出 5~10 cm 的摄饵水面，表层水从侧网上部溢向网箱外侧，这时（c）层附着了因幼鰤游动产生的海水飞溅与表层水中悬混的饵料残渣，残渣腐败后产生了促进腐蚀的硫化物。

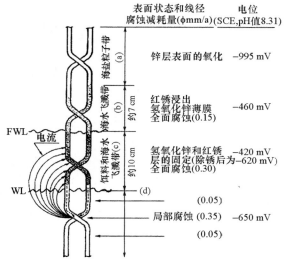

图 6.18　金属网水上部分的表面状态

WL. 水面；FWL. 投饵时的水面

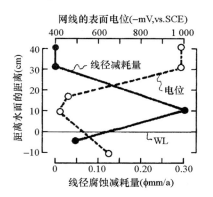

图 6.19　水上部的电位和线径减耗量

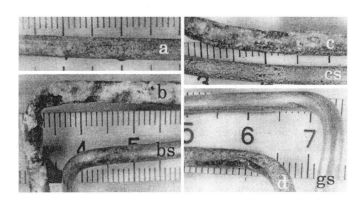

图 6.20　网线水上部分的表面

a. 海盐粒子带；b. 海水飞溅带；bs. 同上，除锈后的表面；c. 海水和饵料飞溅带；
cs. 同上，除锈后的表面；d. 水面部；gs. 对照新的镀锌铁丝

　　（b）、（c）层脱锈处理后，在其表面（图 6.20bs，cs）均能看到网线目脚和目脚交接部位因全面腐蚀造成的均一消耗，（c）层呈柚皮状，（b）层电位为 -460 mV，（c）层为 -420 mV。（b）层的线径腐蚀减耗量为 φ0.150 mm/a，（c）层的线径腐蚀减耗量为 φ0.300 mm/a，侵蚀度为其 1/2（0.105 mm/a），显示出水面上部的最大腐蚀量。该测定值仅为海水飞溅带普通钢平均侵蚀度[24]（0.500 mm/a）的约 1/5。其原因是氢氧化锌与红锈液的混合物硬化后，覆盖在网线表面，形成耐腐膜。

　　在海水湿润的水面沉浮区（d）层，经常能看到氢氧化锌从海水中溶出的痕迹，目脚的

线径减耗量为 $\phi 0.050$ mm/a，线径减耗率极少，为 0.15%，一般认为有 Zn-Fe 合金残留。但（d）层正下方目脚交接表面的电位为高电位 -650 mV，比铁腐蚀状态的电位 -770 mV 高，有红锈生成面，侵蚀度为 $\phi 0.350$ mm/a。当处于干湿交替水面上部的（b）、（c）层表面因波浪或鱼类摄食而没入水中时，（c）层和（d）层的电位差为（-420 mV）-（-650 mV）= 230 mV，所以（d）层对（c）层是阳极，以 230 mV 的电位差导致了腐蚀的产生。

水面上部金属网的腐蚀量是投活饵时代的观察数据，仅供参考。现在多转化为固形饵料，因饵料效率的提高，饵料飞沫附着在金属网的情况几乎没有，水面上方侧网的腐蚀问题也得到极大改善。

2）水面下金属网的腐蚀倾向

图 6.21 展示了侧网和底网各网线的表面处理后的状态。由于是只用 1 年的金属网，可零散看到镀层消失后基材表面（裸铁面）的初期腐蚀，侧网水下 3 m 处露出灰白色的 Zn-Fe 合金，网线交接处可见基材的腐蚀损耗和由损耗处向点蚀发展的倾向（$C_1 \sim P_3$），测得侧网的最大线径消耗量为 $\phi 0.50$ mm/a，线径减耗率为

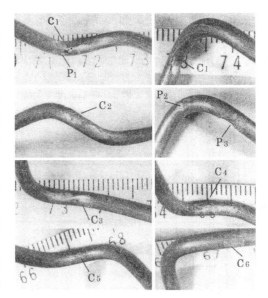

图 6.21　水下网线的腐蚀情况

C_1. 接触表面的腐蚀损耗；C_2. 从接触表面发展到外侧的腐蚀；C_3. 磨损"刮伤"处的腐蚀；C_4. 因接触部位的滑动产生的腐蚀损耗；C_5. 底网残存 Zn-Fe 合金层的网线接触表面；C_6. 残存在合金层中的锌，优先被腐蚀的表面；P_1. 网线接触部位侧面的点蚀；P_2. 网线非接触部位侧面的点蚀；P_3. 由接触部位的缝隙腐蚀发展起来的点蚀

15.6%。3 m 以下，可散见镀膜残存面，底框正上方的网线目脚交接部位因 C_3 的刮伤腐蚀面产生少量的腐蚀生成物，溶解后，形成光滑的表面。底网如 C_5 所示，网结表面仅见轻微腐蚀倾向。

水下金属网的腐蚀原因和腐蚀机理如图 6.22 所示。首先，No. 1 网箱金属网表面整体均出现了由图 6.22I 腐蚀机理导致的腐烂物，该腐烂物主要为硫化物，由残饵或鱼类排泄物生成。其次，C_1 网结表面的腐蚀源于图 6.22 II 的机理，网结表面溶解氧浓度差不一致而发生局部电池腐蚀。这种腐蚀机理与 III 中网线面的水流接触量——由鱼类游动造成的水流接触量有关，再加上波浪导致网箱摇晃，网结表面滑动，进一步加速了腐蚀生成物的脱落和溶解。

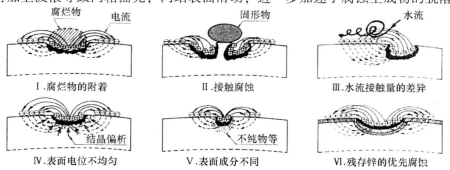

图 6.22　水下金属网网线面的腐蚀原因和机理

C_2 目脚接触面外侧的腐蚀由网结表面的腐蚀造成，这是由于在编网时，加在网线交接处的扭折、弯曲、拉伸、压缩等应力，导致网线表面结晶偏析（分布不均匀），表面电位不均衡，从而引起电位差腐蚀（Ⅳ），该处合金层也存在由拉伸应力产生的应力腐蚀。$C_3 \sim C_5$ 网结表面发生轻微腐蚀损耗，主要与镀层消耗后短期内发生的腐蚀有关，也与Ⅱ~Ⅳ相关。

关于点蚀（$P_1 \sim P_3$）的发生倾向，P_1 见于网结侧面，P_2 见于网结外表面，这些是由于表面的微观形貌不同造成了局部腐蚀（Ⅴ）。另 P_3 网结内表面的点蚀是由于局部组成原电池加速腐蚀速度。

C_6 所示的合金层的非光滑表面是由于残留在基材表面凹陷处的锌优先被腐蚀而遗留的痕迹（Ⅵ）。

6.4.3 异种金属材料构成的金属网

No.2 网箱水面下的金属网，由于侧网与不锈钢环连接，产生电偶腐蚀，因此镀锌完全消失，基材出现腐蚀损耗。多以网结为中心发生腐蚀，测得最大线径腐蚀损耗量为 $\phi 1.80$ mm/a，是同种材料网箱 No.1（最大值 $\phi 0.50$ mm/a）的 3.6 倍。网线的腐蚀状态如图 6.23 所示，目脚（S_1、S_2）存在全面腐蚀及由此导致的点蚀，目脚交接部位（B_1、B_2）的腐蚀自网结延伸到目脚，在网结表面周边可见大量点蚀。

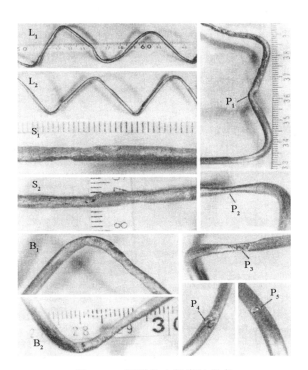

图 6.23　网线的电偶腐蚀状态

L_1，L_2. 网线的状态；S_1，S_2. 目脚部位的腐蚀；B_1，B_2. 目脚夹角部位的腐蚀；

P_1. 目脚部位与网线未接触而产生的腐蚀变形；P_2. 网线非接触表面的腐蚀；

P_3. 发生在 P_2 里侧的点蚀；P_4，P_5. 目脚部位的点蚀

观察 $P_1 \sim P_5$ 各个点蚀情况，总结如下。P_1 显示的是直线中央部分因网线非网结部分发生腐蚀产生损耗，加上金属网的自重，网线被弯曲。菱形金属网除了目脚交接部位之外，如图 6.24 和图 6.25 所示，目脚与目脚之间或目脚与目脚交接部位之间也存在非接合部的连接，这也叫作"网变部"。P_1 的点蚀发生在目脚和目脚交接部位之间的非接触部分，P_2 为非接合部分的网线接触处的腐蚀损耗，P_3 位于 P_2 反向，为网线无接触面产生的点蚀，其形状类似于穿孔虫腐蚀后留下密集腐蚀坑，为腐蚀电流连通后形成的电解腐蚀。P_4、P_5 均为无网线接触的目脚处产生的点蚀。

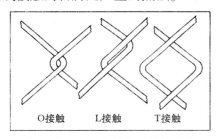

图 6.24　网线非接合的接触状态

图 6.25　横目式网线的非接合接触

综上可知，No. 2 网箱中的腐蚀比较严重，腐蚀现象随处可见。No. 1 和 No. 2 两个网箱金属网腐蚀量的比较如表 6.7 所示，与 No. 1 本州沿岸的幼鰤养殖区域相比，No. 2 网箱的安放环境为奄美大岛的养殖区域（表 2.17），水温长期在 20℃ 以上，海水电阻率小，容易产生腐蚀，这也是其腐蚀严重的一个原因[25]。从养殖品种来看，位于本州沿岸的 No. 1 养殖的是幼鰤，位于奄美大岛的 No. 2 养殖的是真鲷，由于鱼类不同，其游动产生的水流对金属网的接触量也不同，这也是促进腐蚀的原因之一。由于幼鰤比真鲷更活跃，No. 1 的幼鰤网箱理应腐蚀更严重，但实际 No. 2 网箱更严重，其原因在于金属网（阳极）与不锈钢环（阴极）之间的电位差，其值为（-230 mV）-（-1 000 mV）= 770 mV = 0.77V。

表 6.7　水面下金属网腐蚀量的对比

项目		单位	No. 1 网箱	No. 2 网箱
腐蚀量	最大线径减耗量	φmm/a	0. 50	1. 80
	最大线径减耗率	%	15. 6	56. 3
	最大侵蚀度	mm/a	0. 250	0. 900
表面积	阳极：金属网 *	m²	142. 0	142. 0
	阴极：不锈钢环	m²	—	1. 5
电位（vs. SCE）	镀锌面 **	mV	-1 000	-1 000
	基材 ***	mV	-630	-630
	不锈钢（SUS）环	mV	—	-230

* 为去掉侧网正上方 0. 5 m 之外的金属网的网片面积×表面积系数（参照表 2.8）。

** 为新品时的电位。

*** 为镀锌层消耗后的电位。

这种由于异种金属接触造成的金属网电偶腐蚀的腐蚀量，可由法拉第定律计算得出：

$$E = Ec - Ea \tag{6.19}$$

$$I = E \div (Ra + Rc + Rr) \tag{6.20}$$

$$Ra = 0.266\rho \div Sa^{1/2} \tag{6.21}$$
$$Rc = 0.266\rho \div Sc^{1/2} \tag{6.22}$$
$$T = QW/I \tag{6.23}$$

式中，E 为电位差（V）；Ec 为阴极电位（V）；Ea 为阳极电位（V）；I 为阳极发生电流（腐蚀电流 A）；Ra 为阳极接水电阻（Ω）；Rc 为阴极接水电阻（Ω）；Sa 为阳极面积（cm²）[①]；Sc 为阴极面积（cm²）[①]；ρ 为海水电阻率（Ω·cm）；Rr 为导通电阻；T 为阳极寿命（h）；W 为阳极重量（kg）；Q 为阳极的有效发生电量（Ah/kg）。

【计算例 1】计算上述 No.2 网箱金属网的镀锌层寿命。已知金属网和不锈钢（SUS）环的接触导通电阻 $Rr = 0$（Ω），不考虑 SUS 环的阴极极化。

将表 6.7 中的测量数据代入式（6.19）~（6.23）中计算，可得：

阳极（金属网）接水电阻：$Ra =$（0.266×25）÷（142.0×10⁴）^{1/2} = 0.005 6（Ω）；

阴极（SUS 环）接水电阻：$Rc =$（0.266×25）÷（1.5×10⁴）^{1/2} = 0.054 3（Ω）；

阳极发生电流（腐蚀电流）$I = 0.77 \div$（0.005 6+0.054 3）= 12.9（A）；

阳极重量（金属网的镀锌总量）：$W = 142.0$ m²×350 g/m² = 49.7（kg）；

阳极（锌）的有效发生电量：$Q = 820$（Ah/kg，锌的电化当量的倒数）；

镀锌（阳极）寿命：$T = 49.7 \times 820 \div 12.9 = 3\ 159$（h）= 132（d）。

例 1 计算中，由于金属网（阳极）和 SUS 环（阴极）的表面积之比大约为 100∶1，所以当金属网的腐蚀电流通电后，SUS 环面的阴极极化加剧。SUS 环面的电位与自然电位 −230 mV（vs. SCE）相比，变成低电位，与金属网的实际电位差低于 0.77V，因此金属网的腐蚀电流也降低。但在潮流良好的海水养鱼环境中，由于 SUS 环面的溶解氧持续得到供给，充当去极化剂，导致阴极极化被抑制，电位差几乎不下降。由此可知，镀锌层会在 132 日内消耗完毕，然后铁基体对 SUS 环面具有（−230）−（−630）= 400 mV = 0.40V 的电位差，从而产生腐蚀。

6.5 宏观电池腐蚀的回避

关于金属网箱的连接系泊，如图 6.26 所示，若电位不同的金属网 A 网箱和金属网 B 网箱连接形成电路，A 和 B 网衣之间的电位差就会形成宏观电池（Macro-cell）回路，这种情况下，若 A 的电位低于 B，则 A 成为阳极，B 成为阴极，腐蚀电流以海水为媒介，从 A 流到 B，A 的金属网呈现大规模的电偶腐蚀，从而缩短金属网的耐用年限。

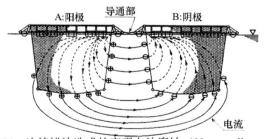

图 6.26 连接锚泊造成的宏观电池腐蚀（Macro-cell corrosion）

例如，A 为镀锌铁丝网，B 为铜合金金属丝网或钛金属丝网，根据不同镀层离子化倾向

---

① 译者注：原著中为 m²，有误，应为 cm²。

的程度，A 对 B 是低电位金属，成为阳极，A 金属网的镀锌被消耗，镀层被消耗完以后，金属网的腐蚀进一步加剧。若 A 为新的镀锌铁丝或钢丝网，B 为镀层被消耗掉的同材质的旧金属网，则 A 成为阳极，电路连通后，A 金属网产生的腐蚀电流对于 B 金属网就成为防蚀电流，B 金属网被阴极保护，避免发生腐蚀。

如图 6.27 所示，要测量从 A 金属网产生的腐蚀电流，可在两个网箱间插入 $R = 0.05 \sim 0.10\ \Omega$ 的固定电阻器（分流器），然后解除导通连接，使用直流电压计测量电阻器两端的电位差 E（V），根据欧姆定律求出腐蚀电流 I（A）$= E/R$。根据式（6.19）～（6.23）可计算出这种宏观电池腐蚀的腐蚀电流和腐蚀量。

避免因导通连接形成宏观电池腐蚀的方法如图 6.28 所示，在钢链连接部位加入旧轮胎之类的绝缘物，隔绝两网箱之间的电流导通。注意当底网与海底废弃的受腐蚀的金属网连接，或底网与金属网衣连接，且该网衣由金属绳索与钢锚连接时，也会呈现宏观电池腐蚀，需要考虑回避。

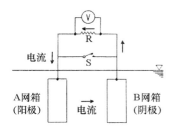

图 6.27 使用电阻器插入法测定腐蚀电流

a.电导通连接状态　　b.利用旧轮胎的绝缘连接

图 6.28 网箱间的导通和非导通连结

【计算例 2】假设图 6.26 中，A、B 为新设的菱形金属网箱，浮框材质为钢，网箱形状为方形，二者通过钢链连接，A 的金属网形状为线径×网目 $= \phi 3.2\ \text{mm} \times 50\ \text{mm}$，附锌量为 400 g/m²，为镀锌铁丝金属网，网箱形状为宽×长×高 $= 10\ \text{m} \times 10\ \text{m} \times 6\ \text{m}$；B 的金属网形状为 $\phi 4.0\ \text{mm} \times 50\ \text{mm}$，为 90Cu-10Ni 的金属网，网箱形状为 10 m×10 m×10 m。求 A 网箱网衣浸水面镀锌层的消耗时间。已知金属网 A 电位为 $-1\ 000$ mV（vs. SCE），金属网 B 电位为 -300 mV（vs. SCE），系泊区域的海水电阻率为 25 $\Omega \cdot$ cm，A 与 B 间钢链的电阻为 0.05 Ω，两网箱的侧网浸水面积是指去掉正上方 50 cm 外的全部面积。

A 金属网浸水表面积：缝合面积×表面积系数 $= 320\ \text{m}^2 \times 0.421 = 134.7\ \text{m}^2$

A 金属网的总附锌量：134.7 m²×400 g/m² $= 53.88$ kg

B 金属网浸水表面积：480 m²×0.519 $= 249.1$ m²

根据式（6.19），A 与 B 之间的电位差：E（V）$= Ec - Ea = (-300) - (-1\ 000) = 700$ mV $= 0.70$ V

根据式（6.21）和式（6.22），A 和 B 的接水电阻：

$$Ra\ (\Omega) = 0.266\rho \div Sa^{1/2} = 0.266 \times 25 \div (1\ 348\ 000)^{1/2} = 0.005\ 7\ \Omega$$

$$Rc\ (\Omega) = 0.266\rho \div Sc^{1/2} = 0.266 \times 25 \div (2\ 491\ 000)^{1/2} = 0.004\ 2\ \Omega$$

根据式（6.20），从 A 金属网产生的腐蚀电流：

$$I\ (A) = E \div (Ra + Rc + Rr) = 0.7 \div (0.005\ 7 + 0.004\ 2 + 0.05) = 11.7\text{A}$$

根据式（6.23），可得 A 金属网的镀锌消耗时间：

$$T = QW/I = 53.88 \times 820 \div 11.7 = 3\ 776\ \text{h} = 158\ \text{d}$$

参考文献

[1] 中川雅央. 電気防食法の実際. 東京: 地人書館, 1972: 1-13.

[2] 中内博二. 化学工業資料. 1961: 29, 247.

[3] 川邊充志. 海水腐食とその対策, 海生生物汚損対策マニュアル. 東京: 技報堂出版, 1911: 146-147.

[4] LaQue F L. Marine corrosion causes and prevention. NewYork: Jhon Wiley & Sons, 1975: 178-180.

[5] 増子 昇. さびのおはなし. 東京: 日本規格協会, 1977: 67-70, 111-112.

[6] 大庭忠彦, 臼井英智, 梶山貴弘, 岩田 聡, 桑 守彦. 数種金属と付着生物着生の関係. Sessile Organisms, 2001, 18 (2): 105-112.

[7] 臼井英智, 仲谷伸人, 大庭忠彦, 桑 守彦. 鋼材面の付着生物と腐食量の関係. Sessile Organisms, 1998, 14 (2): 19-24.

[8] Ruim L, L Dekai, Z Jincheng. A study of corrosion in type 304 stainless steel. Mater. Perform. , 1970, 9 (1): 23-26.

[9] Sowthwell C R, J D Bultman, C W Hummer Jr. . Inference of marine organisms on the life of structural steels in seawater. NRL Rep. 7672, Naval Research Laboratory, Washinton D. C. , 1974, 22pp.

[10] Swant S S, A B Wagh, V P Venugopalan. Corrosion behavior of mild steel in offshore waters of the Arabian Sea. Corr. Prev. Cont. , 1989, 36 (2): 44-47.

[11] Eashwar M, G Subranmanian, P Chadrasekaran, et al. Mechanism for barnacle-induced crevice corrosion in stainless steel. Corr. , 1992, 48 (7): 608-312.

[12] Maruthamuthu S, M Eashwar, S T Manickan, et al. Corrosion and biofouling in Tuticorin harbour. Corr. Prev. Cont. , 1993, 40 (1): 6-10.

[13] Rabindran K, A G G Pillai. Observation of the interrelation of marine corrosion and fouling. Proc. 6th Int. Cong. Mar. Corr. Foul. , 1984, 370-383.

[14] Ruim L, L Dekai, H Xuebao, et al. The effect of macro-fouling organisms on steel corrosion and its electrochemical behavior. Proc. 6th Int. Cong. Mar. Corr. Foul. , 1984, 443-451.

[15] Sasikumar N, K V K Nair, J Azarian. Some observation on barnacles growth corrosion of materials in seawater. Corr. Prev. Cont. , 1991, 38 (6): 145-150.

[16] 辻川茂男, 柴田俊明, 篠原 正. SUS316鋼/フジツボーすきま腐食再不動態化電位. 防食技術, 1980, 29: 37-40.

[17] Peterson M H T J Lennox Jr. , R E Grooper. A study of corrosion in type 304 stainless steel. Mater. Perform. , 1970, 9 (1): 23-26.

[18] 辻川茂男, 久松敬弘. すきま腐食における再不動態化電位について. 防食技術, 1980, 29: 34-40.

[19] 小島貞夫. 生物が関与する腐食, 防食技術便覧. 東京: 日刊工業新聞社, 1972: 230-236.

[20] Di Cintid R A, G D Carolis. Biofouling and corrosion. Corr. Prev. Cont. , 1993, 40 (5): 104-107.

[21] 松島 巌. トコトンやさしい錆の本. 東京: 日刊工業新聞社, 2002: 6.

[22] 高村 昭. 腐食生成物の除去, 金属防食技術便覧. 東京: 日刊工業新聞社, 1972: 634-635.

[23] 桑 守彦. 金網生簀に関する研究Ⅲ, 金網の腐食とその要因. 水産土木, 1983: 23-31.

[24] Larrabee C P. Corrosion-resistant experimental steels for marine applications. Corrosion, 1964, 14 (4): 501t-504t.

[25] 桑 守彦. 金網生簀に関する研究Ⅱ, 金網における亜鉛メッキの耐食性. 水産土木, 1983, 19 (2): 9-20.

第 7 章　阴极保护

7.1　阴极保护的重要性及其应用

　　因金属腐蚀造成的损失，美国一年达 60 亿美元，日本超数千亿日元[1]。腐蚀的发生不易被察觉，所以往往被忽视，但会造成巨额损失。如油箱基地因油罐底板腐蚀造成原油泄露和船体腐蚀引起的沉没事故等，还会诱发二次、三次损害，如设施损坏、产品丢失、停工损失及海洋污染问题等。因此，有效的防腐蚀保护不可或缺，采取必要措施保护设施远离腐蚀，不仅能延长设施的使用年限，节约资源，减轻或防止腐蚀生成物外泄，而且还能为环境保护作出贡献。

　　防腐方法有镀层或热喷涂的金属覆盖法、油漆橡胶或树脂衬里的非金属覆盖法、环境处理及阴极保护等。根据设施的规模、构造和使用环境，需综合采用多种防腐方法。其中，阴极保护适用于水、土等电解质中的金属构造物的防腐。阴极保护法的特征：①不论设备新旧，不对设备作任何处理就能使用；②防腐效果良好；③设备费用及维护费用低廉；④方便施工。

　　阴极保护的适用范围广泛，包括船舶、港湾等海洋设施的钢结构、直埋管道、储油罐底板等。阴极保护方法用于水产设施始于 1959 年，当时从美国的缅因州经佛罗里达半岛至墨西哥湾沿岸，龟甲形金属网的捕蟹笼被广泛使用，捕蟹笼采用了锌阳极防腐技术，大幅延长了使用寿命[2,3]。1965 年，日本沼津养殖渔业协会将锌合金阳极用于幼鰤养殖网箱的钢质浮子的防腐[4]。此外，还有水族馆将牺牲阳极法用于水族馆中钢质水槽内侧的防腐和外部电源式阴极保护装置（参见后文）[5-7]。最近，钢质漂浮式防波堤、金属网箱及其连接设施均采用了铝合金阳极防腐技术[8]。

7.2　阴极保护的原理

　　金属遭腐蚀需具备四个条件：低电位、电解质环境、表面存在电位差、存在氧气等去极化剂。阴极保护法就是消除其中的电位差，即由于浸泡在水、土等电解质中的金属体（被保护对象）表面存在无数个局部阳极和局部阴极（参照图 6.5），如图 7.1 所示，将被保护金属体作为阴极，从新设的电极（阳极）向阴极通电流，因为电流流向电位高的局部阴极，所以阴极电位下降，接近于局部阳极电位，这叫作阴极极化（参照图 6.11）。电流增大，阴极极化变大，局部阴极电位和局部阳极电位达到一致时，金属表面电位差消失，最终产生防腐效果。这时被保护金属体表面的最低局部阳极电位叫作防蚀电位，因被保护金属体为阴极，也叫阴极防腐法。另一方面，将被保护金属体设为阳极时，即为阳极防腐法，适用于强

126

氧化性溶液中的防腐。由于阴极防腐法的适用对象广泛，所以统称为阴极保护法（Cathodic protection）。阴极保护法适用防腐对象的不同形状，为通防蚀电流的防腐保护法，主要包括如图 7.2 和图 7.3 所示的牺牲阳极法和外加电流法两种方式。

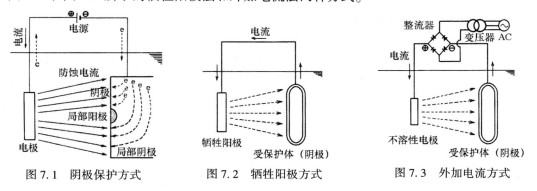

图 7.1 阴极保护方式　　　图 7.2 牺牲阳极方式　　　图 7.3 外加电流方式

7.2.1 牺牲阳极法

牺牲阳极法是利用异种金属间的电位差，根据电池作用（流电作用）获得防蚀电流的方法。将电位低于受保护体电位的金属作为阳极，使之与受保护体连接，使阳极产生的防蚀电流流向受保护体（阴极）。对于镀锌基材表面（裸铁面）的防腐，可采用如图 6.9 的电偶腐蚀电池原理，即利用铁防止铜腐蚀的牺牲阳极法。

以干电池为例：干电池是先将碳棒和电位比它低的锌板放到氯化铵或氯化锌的电解质中，然后将这两个电极连接，电流以 1.5 V 的电位差通过电解质，从锌板流向碳棒，形成回路，此时电解质中的碳棒表面受防腐保护，不会降解，但锌板表面产生电流后，会被慢慢消耗掉。由于这种电流阳极与受保护体的电池发生反应而被消耗，所以也叫牺牲阳极（Saceificial anode）保护法。

表 7.1 是代表性牺牲阳极材料的性能表，表中的"开路电位"是指与阴极不连通时的电位，"闭路电位"是指与阴极连通时的电位，也叫作电位稍低的阳极极化电位。对于金属网箱等海洋钢结构物的防腐，可使用铝合金阳极；对于船舶推进器、海水压载舱内壁的防腐，可使用锌合金阳极；对于自来水储水箱、水闸等淡水设施及地下埋设管线设施的防腐，可利用镁合金阳极；对于以海水作为冷却水的热交换器、冷凝器中铜合金管路以及铜合金金属网箱的防腐，可利用铁电极。

表 7.1 牺牲阳极材料性能表

阳极的种类	铝合金	锌合金	镁合金	铁电极
开路电位（mV，SCE）	−1 100	−1 050	−1 520	−700
闭路电位（mV，SCE）	−1 050	−950～−1 020	−1 520	−600
与铁的有效电位差（V）	0.25～0.30	0.20～0.25	0.65～0.70	—
有效发生电量（Ah/kg）	2 600	780	1 100	960
密度（g/cm²）	2.74	7.14	1.77	7.86
使用环境	海水中及 1 000 Ω·cm 以下的水、土中	海水中及 1 000 Ω·cm 以下的水、土中	高电阻率的水、土中	海水中

阳极与受保护体的安装，一般是把阳极两端的芯棒焊接在受保护体上，再用螺栓和螺母固定，用电线导通电流。阳极有1~3年的短寿命和10~50年的长寿命，短寿命阳极消耗后需要更换新的，而长寿命阳极的防腐管理非常简单。牺牲阳极法的优点：①可用于无电源的场所及移动的对象；②施工简单，管理容易；③无需维护电费。

7.2.2　外加电流法

外加电流法是指从外部获得防腐用的电源，再给受保护体提供防蚀电流的方式。电源一般使用直流发电装置，例如整流器、直流发电机、电池等设备。通常由交流供电，然后通过硅整流器转换为直流电，也可采用太阳能电池提供直流电。将直流电提供给受保护体的电极装置一般使用磁性氧化铁、铅-银合金、高硅铸铁、镀铂钛电极等难溶性材质，这些材料统称为"不溶性阳极（Permanent anode）"。

外加电流法的配线方式：分别在电源的正极和电极装置之间、负极和受保护体之间安装配线。外加电流法必须遵守电气工件的施工标准和阴极保护回路所使用电压，出于对生物体的安全考虑，规定为直流电60 V以下。外加电流法的防腐效果与牺牲阳极法相同，可用于大型热交换器、埋设管线、船舶外板、水族馆的钢质水槽的防腐技术。

外加电流法的优点：①由于可大幅调整电压电流，所以适合所有环境；②对于腐蚀性强的环境以及需要大电流防腐的设施，具有较好的经济性；③使用不溶性电极时，设备寿命长；④因电极装置容积小，可以安装在狭小的场所。

与牺牲阳极比，其缺点：①需要电力成本；②需要定期检查和保养；③对其他金属结构造成杂散电流干扰。

7.2.3　阴极保护设计

无论是采用牺牲阳极还是外加电流的方式，阴极保护设计应综合考虑设施的规模、构造、环境以及初期设备费、维护保养管理费等，原则上选择年经费低廉的方式。在金属网箱养殖区等不能使用商用电源设备的场所，可选择使用牺牲阳极的防腐方式。

阴极保护设计的基础是阴极保护面积和阴极保护电流密度。在计算浮式金属网箱的阴极保护面积时，不需要计算侧网的水上部分，由于其不通电流，不在阴极保护范围内。因此，对于最典型的浮式网箱（由钢质桁架浮框和金属网囊构成），无论何种形状，其阴极保护范围为：去掉侧网正上方0.5 m之外的金属网衣和全部底框的面积；而下潜式网箱由于全部潜入水中，其阴极保护范围为：缝合面积×表面积系数（详见表2.8）。

阴极保护电流密度是指对象物单位面积达到完全阴极保护时所需的电流，可取港湾钢结构物的设计标准值：裸钢在海水中为100 mA/m²，在砖石中为50 mA/m²，在海土中为20 mA/m²[9]。图7.4为海水中裸钢阴极

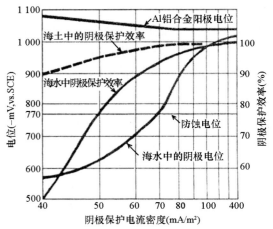

图7.4　电流密度、电位与阴极
保护效率的关系

128

保护时的电流密度、阴极（裸钢面）电位、阴极保护效率及使用铝合金阳极时的阳极电位[10]。由图可知，如将钢材的防腐蚀电位维持在−770 mV（SCE）以下，必须设定阴极保护电流密度为 70 mA/m² 以上；如在砖石或海土中，由于促进腐蚀的因子（如溶解氧或盐等）的供给量减少，所以设定在 70 mA/m² 以下也可充分获得防腐效果。当同时采用涂层防腐和阴极保护时，一般根据涂层的种类和状态设定电流密度，但若涂层所用材料为耐用年限约 10 年的焦油环氧树脂时，裸钢的阴极保护电流密度设为标准值的 50% 为宜。表 7.2 为海洋水产设施的阴极保护电流密度，这些设施包括一般海洋建筑物（如钢板桩或钢管桩等）、船舶、金属网箱、浮鱼礁等[11]。

表 7.2 海洋水产构造物的阴极保护电流密度

构造物	表面状态	设置环境	电流密度（mA/m²）
浮式防波堤	裸钢面	外海	100～150
系泊浮子	涂层面	内湾、外海	30～50
养殖区域的钢管桩等	裸钢面	海水中	100～120
	裸钢面	海土中	10～20
金属网（新设）	镀锌面	内湾、外海	60 以上
金属网（已设）	镀层消耗面	内湾、外海	100～120
系泊金属配件	裸钢面	内湾、外海	100～150
下潜式网箱框架	裸钢面	内湾、外海	100～120
下潜浮子	涂层面	内湾、外海	30～50
渔船外板	涂层面		60 以上
推进器系统	铜合金等		300～500

7.2.4 阴极保护的计算公式

金属网箱采用牺牲阳极方式的阴极保护设计的具体步骤为：①根据阴极保护范围计算出阴极保护面积；②选定阴极保护电流密度；③计算出最小阴极保护电流；④计算出所需阳极数量；⑤制作设施的阳极配置图。

若为外加电流方式的阴极保护设计，除了以上步骤之外，还需追加直流电源装置的容量及不溶性电极的配线图，步骤①~④相关的计算公式如下。

1）最小阴极保护电流与牺牲阳极需要安装的数量

$$I = Sd \tag{7.1}$$

$$N = I/Is \tag{7.2}$$

$$Is = \Delta E/Ra \tag{7.3}$$

$$\Delta E = Ec - Ea \tag{7.4}$$

式中，I 为最小阴极保护电流（A）；S 为阴极保护面积（m²）；d 为阴极保护电流密度（mA/m²）；N 为所需阳极数量（个）；Is 为阳极标准发生电流（A/个）；ΔE 为阳极与阴极间的有效电位差（V）；Ra 为阳极接水电阻（Ω）；Ec 为阴极闭路电位（V）；Ea 为阳极闭路电位（V）。

2）阳极的接水电阻

若阴极保护对象为埋在土中的构造物，则称为"接地电阻"，其计算公式因图 7.5 所示的棒状电极和板状电极不同，当棒状阳极 $L/D \geq 6$ 时，适用式（7.5），$L/D<6$ 时，适用式（7.7）。

棒状阳极
$$Ra = (\rho/2\pi L) \times \{2.3\log (4L/D) -1\} \tag{7.5}$$
$$D = (A+B+2C) / \pi \tag{7.6}$$

板状阳极

$$Ra = 0.266\rho \div Sa^{1/2} \tag{7.7}$$

式中，Ra 为阳极接水电阻（Ω）；ρ 为海水电阻率（Ω·cm，图7.6）；L 为阳极长度（cm）；D 为当量直径（cm）；A、B、C 为阳极横截面长度（cm）；Sa 为阳极表面积（cm^2）。海水电阻率的标准：寒带地区 30 Ω·cm，温带地区 25 Ω·cm，热带地区 15 Ω·cm。

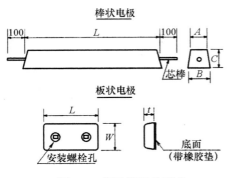

图 7.5　牺牲阳极的形状

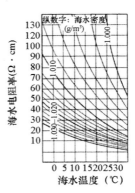

图 7.6　海水电阻率

3）阳极寿命

$$Y (a) = WQ/IaT \tag{7.8}$$
$$Ia = Is\beta \tag{7.9}$$

式中，Y 为阳极寿命（a）；W 为阳极净重（不含芯棒的重量，kg）；Q 为阳极有效产生电量（Ah/kg）；Ia 为平均发生电流（A）；Is 为标准发生电流；T 为 24（h）×365（d）；β 为发生电流的折减系数，若阳极设计寿命不足 5 年，则 $\beta=0.55$，若 5 年以上，则 $\beta=0.50$。

7.2.5　阴极保护效果的确认方法

虽然通过潜水目视是确认阴极保护效果较好的方法，但操作困难。最简便且最具代表性的确认方法为电位测定法和试片观察法，两者合用效果更好。

1）电位测定法

电位测定法首先测定被阴极保护金属表面的电位，然后根据测得的数据来判断防腐蚀的效果。测量方法为：在受保护体上配置组合电池作为参比电极进行测量，参比电极安装简单，一般使用饱和甘汞电极（SCE），配合直流电压高阻计作为测量器。图 7.7 为金属网箱的电位测量图，图中电压计负极通过导线与水面上部的金属网相连，正极与参比电极相连，构成测量回路。

关于阴极保护效果的判定，以被保护对象铁为例，根据图 2.13 铁的电位-pH 值图，若测得电位低于 -770 mV（SCE），则表明处于阴极保护状态。对于铁之外其他金属阴极保护效果的判定，一般只要将被保护对象（阴极）的自然电位阴极极化-200～-300 mV，就可达到防腐效果[12]。例如，90Cu-10Ni 合金金属网的自然电位为-250 mV（SCE），获得阴极保护效果的电位为-450～-500 mV（SCE）。受保护体的阴极极化值如图 7.4 所示，可通过阴极保护电流密度调节。

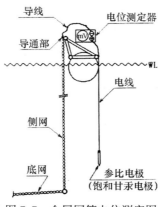

图 7.7　金属网箱电位测定图

2）试片测量法

试片测量法的步骤为：先取防蚀片（导通片）P，准确测量其表面积和重量后，使其与受保护体通电连接，然后再安装绝缘的对照片（不导通片）C，经过一段时间后，取下二者完全除锈后，再测量其重量，可知 P、C 在该期间的腐蚀减重，对比后可判断受保护体的防蚀程度。阴极保护效率可用下式求出（试片的表面处理方法参照表 6.4）：

$$腐蚀度 \left[g/ (m^2 \cdot h) \right] = W/At \tag{7.10}$$

$$阴极保护效率（\%）= \left\{ （C 的腐蚀度-P 的腐蚀度）\times 100 \right\} \div C 的腐蚀度 \tag{7.11}$$

式中，W 为试片减少的重量（g）；A 为试片表面积（m^2）；t 为试验时间（h）。

一般试片的结构如图 7.8 所示，圆棒状的试片与绝缘导线连接，防蚀片 P 用尖头螺丝钉导通连接到电线上，对照片 C 用平头螺丝钉固定到电线外皮，不导通连接，同根电线因水深不同，可安装 3～5 组试片，将其安装在预定位置，电线顶部连接受保护体[13,14]。

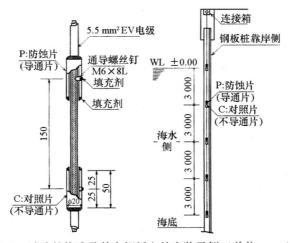

图 7.8　试片的构造及其在钢板上的安装示例（单位：mm）

131

7.3 金属网箱的阴极保护

为减轻海水养鱼环境里的金属网腐蚀，延长金属网使用年限，我们在高知县柏岛的海水养殖场（图7.9）进行了为期3年的金属网箱阴极保护实证试验[15]。该网箱养殖的主要是幼鰤（Seriola quinquradiata），也混养了条石鲷（Oplegnathus fasciatus），目的是观察条石鲷类捕食金属网附着生物的去污效果，下面就该网箱的阴极保护效果及混养去污情况作详细说明。

7.3.1 养鱼网箱和阴极保护装置

图7.9 柏岛养鱼场位置

1）养鱼网箱

供试验的养鱼网箱为 8 m×8 m×8 m 的方形网箱（图7.10）。养殖状况如表7.3所示，网箱 No.1 为幼鰤养殖，采用阴极保护方式，No.2 为其对照网箱，网箱 No.3 为条石鲷养殖，采用阴极保护方式，No.4 为其对照网箱。No.1 在养殖完幼鰤后，转用作养殖条石鲷。

表7.3 金属网箱和养殖状况

网箱 No.	金属网形状 * 线径×网目 （mm）	附锌量 （g/m²）	养殖 鱼类	养殖 时间	放养尾数 （尾）	鱼体重量 ** （kg/尾）	阴极保护
1	φ4.0×55	400	幼鰤 条石鲷	1978年3月至1978年12月 1979年2月至1981年2月	1 000 3 800	3.0~3.5 0.7~0.8	1978年4月施工 继续
2	φ4.0×55	400	幼鰤	1978年8月至1979年9月	1 000	4.0~5.0	No.4 的对照网箱
3	φ2.6×32	250	条石鲷	1978年8月至1980年9月	8 000	0.5~0.6	1978年3月施工
4	φ2.6×32	250	条石鲷	1978年8月至1979年12月	8 000	0.3~0.4	No.6 的对照网箱

* 菱形金属网（纵目式）。

** 幼鰤为养殖结束时的重量。

2）阴极保护设计方案及其装置

表7.4为网衣浸水表面积的阴极保护设计方案。阴极保护范围为金属网衣和全部底框的面积，但需去掉侧网正上方自水面至浮框0.5 m处的面积，因为该部分不通保护电流。关于阴极保护电流密度的设定：一般海洋钢结构物阴极保护的基准值[9]为100 mA/m²，但考虑到本实验中金属网箱因鱼类游动造成水流大量与金属网接触，加大了溶解氧的供给，促进腐蚀的发生，因此将养殖幼鰤的 No.1 网箱设为大于基准值的30%，即130 mA/m²，将养殖条石鲷的 No.3 网箱设为大于10%，即110 mA/m²。阴极保护采用铝合金阳极的牺牲阳极方式，无论金属网是否有残存镀锌层，阳极和金属网间的有效电位差设为：被阴极保护时的阳极与基材表面（裸铁面）之间的电位差。阳极的接水电阻按海水电阻率25Ω·cm，由式（7.5）计算出。阴极保护装置与网箱的施工时间：幼鰤网箱 No.1 为下水4个月后，网线镀锌层尚大量存在；条石鲷网箱 No.3 为下水10个月后，镀锌层基本被消耗完毕。

132

表 7.4 阴极保护设计方案

网箱 No.	幼鰤网箱 No. 1	条石鲷网箱 No. 3
阴极保护面积（m²）	119	135
阴极保护电流密度（mA/m²）	130	110
所需电流（A）	15.5	14.9
阳极名称	ALAP S-19	ALAP S-13
阳极数量（个）	8	8
阳极安装方式	悬吊式	悬吊式
阳极施工时间	下水 4 个月后	下水 10 个月后

阴极保护装置采用如图 7.11 所示的悬吊式，通过绝缘导线（兼作吊绳）使铝合金阳极芯棒与网箱浮框连接，铝合金阳极被悬吊在网箱外侧水下 3.5 m 处。绝缘导线（电线）与网箱浮框连接后，再使用螺栓接头使电线线头（裸线部）与金属网水上部分导通连接且固定，同时使测试阴极保护效果的试片（详见图 7.8）下垂。铝合金阳极的具体情况如表 7.5 所示。

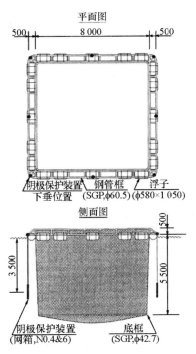

图 7.10 实验所用网箱（单位：mm）

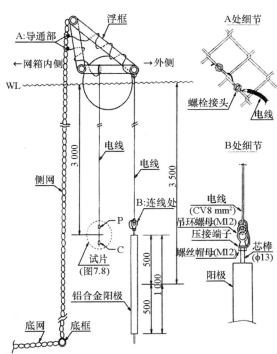

图 7.11 铝合金阳极和试片的安装图

3）阴极保护效果及线径腐蚀减耗量的测定

阴极保护效果的确认方法：先检测金属网电位相对于饱和甘汞电极的历时变化，饱和甘汞电极悬吊在网箱外侧 0.5 m、水下约 3 m 处，再考查低于铁的防蚀电位 -770 mV（vs. SCE）的持续时间，最后通过与对照网箱的比较确认。

表 7.5　铝合金阳极的相关参数

阳极名称	ALAP S-19	ALAP S-13
材质	铝合金	铝合金
形状（mm）	（40+60）×60×1 000	（33+47）×47×1 000
总重量（kg）	9.30	5.67
净重量（kg）	8.10	5.10
有效发生电量（Ah/kg）	2 600	2 600
有效电位差（V）	0.25	0.25
接水电阻（Ω·cm）*	0.121 0	0.131 0
标准发生电流（A）	2.06	1.91
平均发生电流（A）	1.13	1.05
阳极设计寿命（a）	1.8	1.4

＊ 按海水电阻率 25 Ω·cm 计算出的数值。

　　同时我们还采用图 7.8 的试片测定了阴极保护网箱 No.3 的阴极保护效率以及镀锌层消耗后网线的线径腐蚀减耗量，试片悬吊在图 7.11 所示的网箱外侧约水下 3.0 m 处，电线与水上金属网通过螺栓接头连接且固定，此时，金属网被阴极保护，铝合金阳极产生的电流通过海水对金属网和防蚀片（P 导通片）阴极保护，但对照片（C 不导通片）因不通电，所以被腐蚀消耗。因此，通过测量对照片的腐蚀量就能测定该养殖区域水下金属网自镀锌层消耗后露出基材（裸铁）时的线径腐蚀减耗量。试片根据不同时期的调查目的进行了定期更换。打捞上来的试片放入处理液（15%氯化氢（HC1）的水溶液混入 0.5%耐酸缓蚀剂）中进行表面处理后，由式（6.18）求出侵蚀度（腐蚀速度）。

　　因为侵蚀度指金属的厚度因腐蚀而减少的量（腐蚀减耗量），网线按照直径方向发生侵蚀，所以线径腐蚀减耗量（φmm/a）＝侵蚀度×2。同时，根据式（7.11），由防蚀片和对照片的侵蚀度，计算出了 No.3 网箱水面下金属网的阴极保护效率。

7.3.2　金属网的阴极保护效果

　　阴极保护网箱和对照网箱的水面下金属网电位的历时变化如图 7.12 所示，实线为幼鰤养殖网箱，虚线为条石鲷养殖网箱，细线为施加阴极保护前网箱的电位变化及对照网箱的电位变化，粗线为阴极保护后的电位变化。电位均用饱和甘汞参考电极电位（vs. SCE）表示。

　　No.1 和 No.3 阴极保护网箱在约-1 000 mV 处表示阳极刚安装不久的电位，然后突然向低电位转变，其后一个月内，No.1 平缓地、No.3 急剧地向高电位变化，其原因在于：No.1 是在网线镀锌层大量存在时施加阴极保护，由于阳极和金属网之间的电位差小，镀层与阴极保护同时发挥作用，取得了明显的抗腐蚀效果；No.3 是在镀锌层基本被消耗完毕后再施加阴极保护，其阴极保护电流密度比 No.1 少 20 mA/m²，降低了阴极极化效果。基于该原因，在阳极刚安装不久，电位变化会产生差异，受阴极保护的网箱维持低于铁的防蚀电位（-770 mV）的时间：No.1 为 30 个月以上，No.3 约为 26 个月。由此可知，No.1 与对照网箱No.2 相比，其金属网的耐用年限延长了 20 个月以上。No.3 与对照网箱 No.4 相比，延长了16 个月以上。金属网网线的表面腐蚀状态，如图 7.13 所示，被阴极保护的金属网析出电解涂层，网结处几乎没有磨损，防蚀状态良好。但对照网箱在镀层消耗后，网结处不断产生红锈，大部分区域被红锈覆盖。

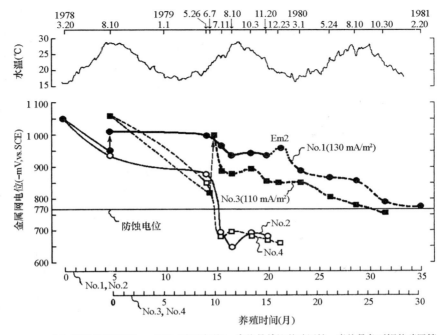

图 7.12　阴极保护网箱与对照网箱金属网的电位变化

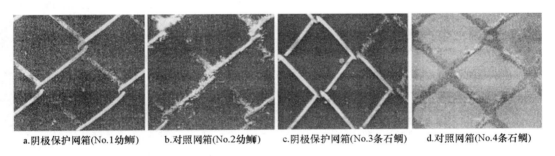

a.阴极保护网箱(No.1幼鰤)　　b.对照网箱(No.2幼鰤)　　c.阴极保护网箱(No.3条石鲷)　　d.对照网箱(No.4条石鲷)

图 7.13　阴极保护网箱与对照网箱的表面状态（其中 c 是底网，其他为侧网）

　　表7.6 为金属网和底框处观察到的主要附着生物，养殖期间，阴极保护网箱和对照网箱附着生物的种类和附着量无明显差异，幼鰤和条石鲷养殖网箱绝大多数为海藻类，但未到堵塞网眼的程度。如图 7.14 所示，藤壶类大量附着在浮子浸水面和底框上，但底框上的藤壶类主要集中在养殖鱼类接触不到的网箱外侧，由于藤壶类外壳的附着面不接触海水，因此去除藤壶类后，该处可以看到镀锌层未被消耗的地方。但当养殖鱼类被起捕后，在空网箱的金属网上又附着了大量的藤壶类，受阴极保护的空网箱与有养殖鱼类时相比，出现了电位的卑化现象（向低电位方向变化），由此可知，这些附着生物的着生和去除反映了电位变化，具体变化情况如下所述。

表 7.6　主要附着生物

植物		动物	
石莼类	*Ulva* sp.	粗糙海绵	*Callyspongia confoederata*
刚毛藻类	*Cladophora* sp.	黑菊珊瑚	*Oulastrea crispate*
海生德氏藻	*Derbesia marina*	管虫	*Protula plicata*
羽藻	*Bryopsis* sp.	大红藤壶	*Megabalanus volcano*
长枝沙菜	*Hypnea* sp.	红藤壶	*M. rosa*
石花菜	*Gelidium amansii*	三角藤壶	*Balanus trigonus*
江蓠类	*Griffithsia* sp.	纹藤壶	*B. amphitrite*
		麦秆虫类	*Caprella* sp.
		叶虾	*Nebalia japonensis*

　　No. 4 的电位变化图中，Em2 所示的虚线之处为幼鰤养殖结束后至开始养殖条石鲷前约 2 个月无鱼类放养时的记录，可以看到养殖幼鰤结束后 1 个月内，藤壶类的附生量随时间而增加，但转为养殖条石鲷 3 个月后，藤壶类及其他附着生物被条石鲷捕食后，受到清除，如图 7. 14 所示，海藻类的叶面呈现出被啮噬的痕迹。因此，无放养时的金属网被大量附着生物覆盖，在网线仅有的露出部分，阴极保护电流非常集中，促进了阴极极化，产生了电位卑化。但转养条石鲷后，由于附着生物被捕食清除，网线表面与海水接触后，电位出现贵化（向高电位方向变化）现象。

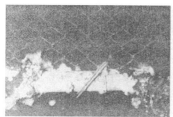  

a.网箱底框外侧除去附着生物后的表面　　b.无放养时的侧网　　c.放养条石鲷3个月后

图 7.14　底框与金属网的附着生物着生状态

7.3.3　阴极保护效率

　　金属网的阴极保护效率如图 7.15 所示，综合各个试验数值，可得防蚀率范围为 87%～98%，平均值为 93%。图 7.16 为浸入海水 63 天后，刚回收时试片所呈现的表面状态，可清晰地看到对照片的腐蚀形貌，而防蚀片几乎没有腐蚀，呈现与试验开始之初几乎相同的金属光泽，似乎其阴极保护效率达到了 100%，但实际并未达到，略有偏差，其原因为：刚进入海水后的防蚀片发生阴极极化后，达到防蚀电位之前需要 4～7 天[16,17]，在此期间其表面不受阴极保护，另外刚回收的防蚀片被带回实验室的过程中，表面残存的水滴等会形成铁锈，尽管腐蚀的总量微小但也要计算在内。

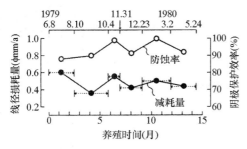

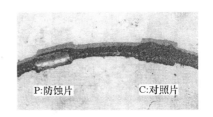

图 7.15 阴极保护效率与金属网线径的腐蚀损耗量

图 7.16 试片表面状态

7.3.4 金属网线的线径腐蚀减耗量

图 7.15 除了阴极保护效率之外，同时还呈现了金属网线线径腐蚀减耗量的数值变化，图中的横坐标表示试片所处的不同时期，例如横坐标位于 1979 年 6 月 8 日至 8 月 10 日时，线径损耗量为 φ0.6 mm/a。具体而言，即从 6 月 8 日镀锌层消耗殆尽，基材表面（裸铁）开始产生腐蚀，至 8 月 10 日的 63 天内，网线以 φ0.6 mm/a 的速率被腐蚀。综合试验期间的各测量结果可知，腐蚀速率为 φ0.4~0.6 mm/a。日本的港湾钢结构的平均腐蚀速率为 φ0.10~0.20 mm/a[18]，将它折算成金属网线线径减耗量相当于 φ0.20~0.40 mm/a，柏岛养殖场测定的数值为其 2 倍以上。

表 7.7 为安放在柏岛养殖场中网箱水质的分析结果。由表可知，该处水质电阻率常年处于 17~20 Ω·cm，低于海洋钢结构物阴极保护设计标准值 25~30 Ω·cm[19,20]。图 7.12 所示的水温常年处于 15℃以上，特别是持续 20℃以上的时间较长，电阻率多维持在较低水平，因此网箱处于易腐蚀的水温环境中。同时，由于溶解氧在铁的腐蚀过程中起到关键作用，所以养殖场所处位置水流循环通畅也是金属网箱腐蚀量倍增的主要因素。

综上所述，我们通过对电位和试片测定值的分析，以及肉眼观察，证实了阴极保护可大幅延长网箱的使用寿命，同时根据网箱内入侵鱼类捕食附着生物的现象，提出了混养条石鲷类以清除附着生物的"混养法"，并证实了其有效性。

表 7.7 柏岛养殖场水质分析结果（表层水）

水样采集时间	1979 年 12 月 23 日	1980 年 2 月 3 日	1980 年 5 月 24 日	1980 年 8 月 26 日
pH 值	8.3	8.1	8.1	7.9
水温（℃）	19.8	18.0	22.5	27.0
电阻率（Ω·cm）*	17.9	19.0	20.5	19.0
氯含量（×10⁻³）	19.7	19.5	19.0	19.0
密度（g/cm³）	1.027	1.026	1.021	1.023
COD（×10⁻⁶）	0.4	—	—	1.9

* 25℃时的换算值。

7.4 内湾与外海阴极保护效果的比较

金属网箱受阴极保护后，其水面以上部分不通防蚀电流，水面以下部分受阴极保护，但

137

因波浪冲击会造成网线连结部位的机械性损耗。基于此，我们以探究网箱水上部分的耐腐蚀性和水下网衣网结的机械性损耗为主要目的，对比分析了表 7.8 所示的设施在内湾和外海养殖中施加阴极保护后的效果[8]。

表 7.8　内湾与外海网箱状况

网箱 * No.	网箱形状 ** 上框直径×深度（m）	金属网形状 *** 线径×网目（mm）	附锌量 （g/m²）	养殖鱼类	放养尾数	备注
5	φ12×6	φ3.2×40	400	幼鲕	4 000	阴极保护
6	φ12×6	φ3.2×40	400	幼鲕	5 000	为 No.5 的对照网箱
7	φ12×6	φ3.2×40	400	—	—	阴极保护
8	φ12×6	φ3.2×40	400	幼鲕	未确认	为 No.7 的对照网箱

注：试验期间为 1978 年 10 月 3 日至 1982 年 9 月 20 日。

　* No.5 和 No.6 为内湾网箱（No.5 设置在沼津市西浦三津前附近海域，No.6 设置在同一海湾的西浦木负附近海域），No.7 和 No.8 为外海网箱，设置于距土佐清水市布海岸线 700 m 的外海海域。

　** 圆形钢结构网箱框架材料：No.5 和 No.6 为 SGP50A，No.7 为 SDφ32-25，No.8 为 SGP50A×SCH80，均为附锌量 600 g/m² 的热浸镀锌。

　*** 菱形镀锌铁丝金属网（纵目式）。

这些网箱的箱体外形、金属网形状及金属网的附锌量均相同，内湾和外海养殖场均采用阴极保护，并设置对照网箱，阴极保护装置均采用铝合金阳极，如图 7.17 所示。内湾网箱采用悬吊式，外海网箱为了防止激浪造成阳极脱落，采用底框固定式，即使用 U 型螺栓使阳极芯棒与底框固定（图 7.18），阴极保护的设计参数如表 7.9 所示。

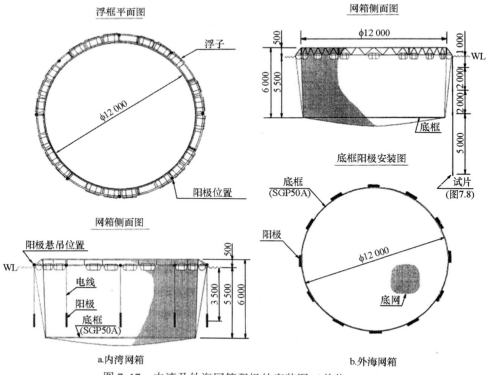

图 7.17　内湾及外海网箱阳极的安装图（单位：mm）

138

a.被固定在底框的阳极　　　　　　　　b.阳极消耗状况(27个月后)

图 7.18　底框固定式铝合金阳极

表 7.9　阴极保护设计参数

网箱 No.	内湾网箱 No. 5	外海网箱 No. 7
阴极保护面积（m^2）*	176	174
阴极保护电流密度（mA/m^2）	90	130
阴极保护电流（A）	15.8	22.6
阳极材质	铝合金	铝合金
阳极名称	ALAP S-19	ALAP S-13
阳极设计寿命（a）	1.8	1.4
安装数量（个）	8	12
阳极重量（kg/个）	9.30	5.67
阳极总重量（kg）	74.40	68.04
安装方式	悬吊式	底框固定式
安装时间	下水 2 个月后	下水时

＊ 防腐范围为去掉侧网正上方 0.5 m 之外的全部网箱的面积。

7.4.1　金属网箱的防腐耐用年限

如图 7.19 所示，内湾和外海网箱的阴极保护效果均十分理想，二者电位变化如图 7.20 和图 7.21 所示，受阴极保护金属网线的电位，在整个试验期间都维持在低于 −770 mV 的低电位。与各对照网箱的镀锌层寿命相比，各网箱的耐用年限，均有大幅延长，内湾 No.5 约为对照网箱的 3 倍，达 48 个月以上；外海 No.7 约为对照网箱的 2.5 倍，达 27 个月。在内湾网箱 No.5 的电位变化曲线图中，安放约 2 个月后，出现了由高电位向低电位变化的情况，其原因为：当新设悬吊式阳极后，阴极保护开始发生作用。在外海的试验结束时，如图 7.18 所示，阳极几乎消耗殆尽，但水面以上部分没有腐蚀，此时若更换新阳极继续进行阴极保护，金属网的耐用年限可进一步延长。

a.内湾网箱底网中心部位(48个月后)　　　b.外海网箱侧网中层部位(27个月后)

图 7.19　金属网的防腐状况

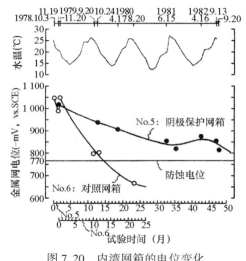

图 7.20　内湾网箱的电位变化

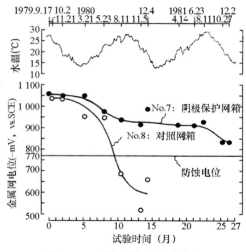

图 7.21　外海网箱的电位变化

7.4.2　外海网箱网衣网线的腐蚀减耗量

图 7.22 为外海网箱 No.7，试片悬吊在网箱外侧水深 1 m、3 m、5 m、10 m 处，经过 441 天后的表面腐蚀状态，比较左侧防蚀片和右侧对照片，可以看出左侧的防腐效果十分理想。根据对照片的腐蚀减量可以计算出外海网箱在镀锌层被消耗 806 天后金属网线的线径减耗量，其结果如图 7.23 所示。由图可知，水深 1 m 处的减耗量为 0.50 mm/a，3~5 m 处呈递减趋势，当达到 10 m 水深时为最大值 0.53 mm/a，由此可以推测外海海域水深 10 m 处的溶氧量最多。本次我们没有与内湾金属网线的线径腐蚀减耗量进行对比试验，内湾金属网线的损耗测定值为 φ0.40~0.60 mm/a（详见图 7.15）。

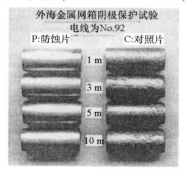

图 7.22　外海网箱试片的状况

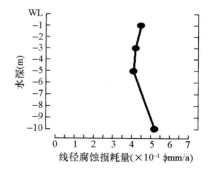

图 7.23　外海海域线径腐蚀损耗量

7.4.3　阳极的消耗及平均防蚀电流密度

表 7.10 为内湾和外海网箱的阳极实际使用寿命及平均防蚀电流密度等相关数据，阳极实际使用寿命可根据阳极消耗量计算，两处的网箱均施加阴极保护，且网线均为新镀锌层，因此阳极与金属网之间的有效电位差较小，阳极部发生电流下降，阳极实际寿命得到延长。由表 7.9 可知，两处网箱的阳极总重量相差无几，由表 7.11 可知，二者的腐蚀因子，如电

阻率和氯离子浓度等方面均没有明显差异，但表 7.10 却显示，外海网箱的阳极寿命仅为内湾的一半，平均防蚀电流密度约为内湾的 2 倍。分析外海网箱中阳极寿命变短的原因，可以考虑以下因素：①外海海浪和潮流的冲击力强，提供给金属网促进腐蚀的溶氧量增大；②港湾钢结构物因潮位的不断变化，浸水深度变大，因此防蚀电流消耗增加。[21] 相对内湾海域而言，外海海域由于浪高增加了网箱的浸水次数，每当金属网水面上方被海水浸泡时，流入的防蚀电流会被消耗，从而加剧了阳极的消耗。

表 7.10　阴极保护计算值

网箱 No.	内湾网箱 No. 5	外海网箱 No. 7
实际阳极寿命（a）	4.0	2.0
阳极接水电阻（Ω·cm）*	0.101 2	0.105 3
阳极平均发生电流（A）	0.53	0.67
有效电位差（V）	0.05	0.07
所需防蚀电流（A）	4.24	8.04
平均防蚀电流密度（mA/m²）	24.1	46.2

* 海水电阻率计入了表 7.11 的实测值。

表 7.11　水质分析结果（表层水）

养殖区域	沼津市西浦木负附近海域	土佐清水市布海面 700 m
水样采集时间	1981 年 6 月 15 日	1981 年 8 月 8 日
pH 值	8.3	8.4
电阻率（Ω·cm）*	20.9	20.2
密度（g/cm³）	1.022	1.021
Cl^-（×10^{-3}）	20.00	20.00
SO^{4-}（×10^{-6}）	241.00	349.00
NO_3^-（×10^{-6}）	0.00	0.00
NO_2^-（×10^{-6}）	0.40	0.78
Ca^{2+}（×10^{-6}）	423.00	388.00
Mg^{2+}（×10^{-6}）	1 620.00	1 520.00
NH_4（×10^{-6}）	0.00	0.00
COD（×10^{-6}）	2.10	1.50

* 25℃条件下的换算值。

7.4.4　网结损耗的原因

1）阴极保护网线的机械性损耗

本次试验中，内湾和外海网箱均进行阴极保护防腐处理，试验结束时，分别对两处网箱的侧网和底网网线进行采样，侧网选取远海端不同水深的网线，底网选取中心位置的网线，计算网线的线径减耗率，公式如下：

$$Dr = (Ws - We) / T \tag{7.12}$$

式中，Dr 为线径减耗率（φmm/a）；Ws 为初始线径（φmm）；We 为试验结束时的线径（φmm）；T 为试验时间（a）。

图 7.24、图 7.25 中 a~j 为典型的网线表面状态,图 7.26 为侧网网线的线径减耗率。图中(a 和 e)为水面以上的海水飞溅带,虽然内湾和外海网箱出现了氢氧化锌的黏着,但没有生锈,且外海网箱的网线因皮膜的结晶化导致线径膨胀。内湾网箱的水面上部 10~20 cm 处,因活饵料及海水飞溅的附着,导致腐蚀减耗[22],48 个月后的平均线径为 φ2.4 mm,线径减耗率非常大,目脚部分为 φ0.13 mm/a,目脚交接部分为 φ0.20 mm/a。与之相反,外海网箱水面以上的金属网几乎没有腐蚀减耗(f),其原因在于:外海网箱表面受波浪浸泡的次数较多,每次都从阳极传导出防蚀电流,从而达到阴极保护防腐效果。关于内湾金属网水上部分的腐蚀量,在第 6 章 6.4.2 中 1)的部分也有涉及,由于现在已用固体饵料取代原有的活饵料,因此本实验中,内湾网箱该处的腐蚀量,也和外海一样有所降低。

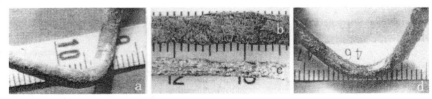

图 7.24　内湾网箱侧网网线的表面状态

a. 水面上方 30 cm;b. 水面上方 10 cm;c. 同网线除锈后的表面;d. 水面下方 3 m

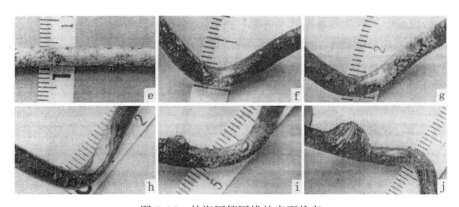

图 7.25　外海网箱网线的表面状态

e. 水面上方 30 cm;f. 水面部分;g. 水面下方 10 cm;

h. 水面下方 4 m;i. 底网中央部分;j. 藤壶类附着物的周围

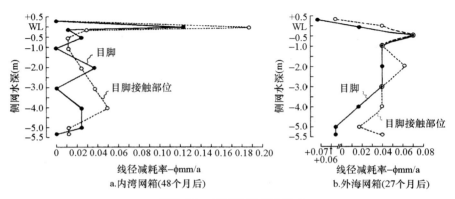

图 7.26　侧网的线径减耗率

142

内湾网箱水下侧网的线径减耗率随着水深的增加而逐渐变大，最大值为 φ0.05 mm/a，外海网箱在 0.5 m 处达到最大，为 φ0.07 mm/a，并随着水深的增加而逐渐减弱，这些数值极小，仅相当于试验网线镀锌层（附锌量 400 g/m²）的平均厚度（0.05 mm）。关于两处网箱不同水深的线径减耗率，目脚交接部分大于目脚部分，外海网箱大于内湾网箱。关于两处网线的网结表面，如图 7.24d 所示，内湾存在刮伤痕迹，而外海如图 7.25g 和 h 所示，呈现被打磨过的金属光泽，且表面积更大，但在显微镜下观察合金层磨损表面，显示外海基材（裸铁）的损耗极其微小（图 7.27）。

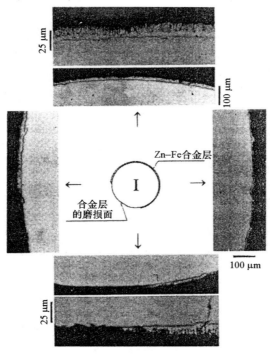

图 7.27　外海金属网箱网线的断面图（27 个月后）

图 7.28 为底网网线的线径减耗率，由图可知，内湾和外海网箱几乎没有损耗，在内湾网箱底网的目脚部分，由于氢氧化锌薄膜的膨胀，导致比原来直径变粗，外海网箱的目脚交接部分仅出现了图 7.25i 中的小坑点，并无明显磨损的痕迹。

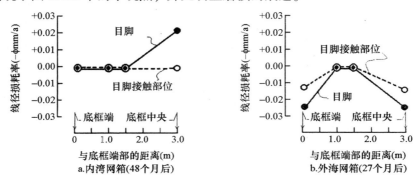

图 7.28　底网的线径减耗率

143

侧网和底网的机械性损耗有如下差异：底网由于自重而呈纺锤状下坠，网衣变形小，轻微摇晃，因此网结处不易磨损；与此相反，侧网为纵目式，受吊绳牵拉后出现松弛，因此网结处极易磨损。海浪对金属网的荷载应力，因网结处的滑动而被消除，所以避免了因金属疲劳引起的网线损耗，且在受阴极保护的网结处，未出现机械性损耗。

2）网结损耗原因的实证研究

由于受阴极保护的网结处不存在机械性损耗，因此证实了发生在镀锌层消耗后的无防蚀保护状态下，由铁丝、钢丝或铜合金材质构成的网结损耗，原因不在于机械性磨损，而在于腐蚀。

图7.29为铜合金金属网结的受阴极保护及其对照网线的表面腐蚀状态。关于镀锌铁丝金属网的腐蚀，本书第6章6.4节已有叙述，但此处对照网线的腐蚀不限于网结表面，而且蔓延至其周围，其原因如图7.30所示，在于：受阴极保护的网线表面均受到防腐保护，而无防腐处理的网结部位，与目脚不同，因其自身扭折、弯曲导致应力集中，网线表面结晶分布不均匀，产生表面电位不均衡，与目脚处的氧浓差引起电位差腐蚀，腐蚀后的生成物剥离后又继续发生新一轮的腐蚀，从而造成网线线径变得越来越细。

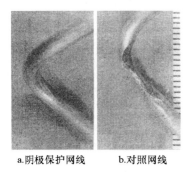

图7.29 铜合金网线网结处的表面状态

a.阴极保护网线　　b.对照网线

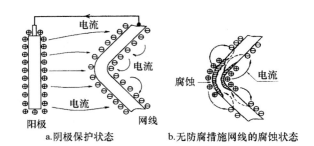

a.阴极保护状态　　b.无防腐措施网线的腐蚀状态

图7.30 网线的阴极保护与腐蚀过程图

7.4.5 金属网衣上附着生物的着生状况

内湾网箱No.5中，由于混养了条石鲷而达到了一定程度的去除附着生物的效果，经过48个月后，出现了少量藤壶类生物，但并没有达到堵塞网眼的程度。外海网箱No.7，经过12个月后，也出现了一些海藻类，同样也未达到堵塞网眼的程度，但经过24个月后，出现了大量藤壶类附着生物，约70%网眼被堵塞，同时还出现了紫贻贝和马氏珠母贝等其他附着生物，另外还发现壳口朝网箱内侧附着的藤壶类，其软质肉体已被入侵鱼类吃掉，仅剩空壳。入侵网箱的鱼类，除了数尾丝背冠鳞单棘鲀（*Stephanolepis cirrhifer*）之外，还有约200尾的绿鳍马面鲀（*Navadon nodestus*），如图7.31所示，马面鲀身长25～28 cm，体宽10 cm左右，捕食附着生物后，体型长大，不能再钻出网箱。另外，如图7.25j所示，内湾和外海阴极保护网箱中，网线附着生物的附着处未出现点蚀类的腐蚀老化现象。

a.内湾侧网(48个月后)　　　b.外海湾侧网(27个月后)　　　c.侵入外海网箱的马面鲀

图7.31　侧网上的附着生物及侵入外海网箱的鱼类

7.5　阳极周围的杂鱼群集现象

经常可以看到经过阴极保护处理后的港湾设施周围常有鱼类聚集的报道，其中有一篇报道介绍了美国路易斯安那州沿岸经过阴极保护处理的石油钻井平台周围鱼类聚集现象及其原因[23]。金属网箱周围也同样可以观察到鱼类聚集的现象，在柏岛的悬吊式阳极（图7.11）周围，以及土佐清水市布海域的外海网箱底部固定式阳极（图7.18）周围，都出现了如图7.32所示的杂鱼群集现象。这种现象无论内湾还是外海网箱，在水温偏高的夏季必然出现，因为水温高时，容易发生腐蚀，防蚀电流相应增加，鱼类在直流电场中，具有向阳极游动的趋电性[24]；也有人认为是因为活饵料的增多才聚集了众多鱼类。

在受阴极保护的金属表面，由于防蚀电流导致pH值上升，发生如下反应，形成灰白色的碱薄膜[25-30]：

$$Mg^{2}+2（OH）^{-}\rightarrow Mg（OH）_2 \tag{7.13}$$

$$Ca^{2+}+（HCO_3）^{-}+（OH）^{-}\rightarrow CaCO_3+H_2O \tag{7.14}$$

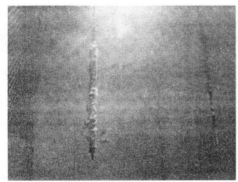
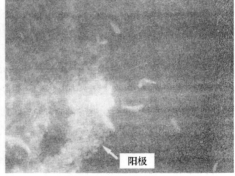

内湾悬吊式阳极周围　　　　　　　　　外海底框固定式阳极周围

阳极

图7.32　侵入外海网箱的马面鲀

这层薄膜被称为电解质膜（Electro-coating），其中富含氢氧化镁、碳酸钙等硅化物和营养盐等成分。电解质膜的组成主要由保护电流密度决定[31]，同时也受流速和溶解盐类浓度的影响。电解质膜在受保护体表面形成后，会逐渐溶解，导致周围营养盐浓度增加，成为营养源，促进生物的生长。当阳极电流经海水流向受保护体（阴极）表面时，其周边的浮游生物发生电泳，带有负电荷的浮游生物游向阴极，带正电荷的游向阳极方向，吸引小型鱼类前来捕食，而捕食小鱼的大型鱼类也会聚集过来，从而形成了一条食物链。

目前利用这种鱼类在直流电场中的趋电性特点的技术，已在实际中得到应用。例如捕鱼时，将船体设为阴极，在拖网末端安装阳极，再通以大电流，鱼类就会向阳极方向聚集，从而可以一网打尽[32]。关于电泳技术的应用也有介绍，例如在汽车车身涂装中的应用，先使涂料溶解或分散到具有导电性的液体中，再利用电泳涂装工艺喷涂车身[33]。另外，在水处理工艺上，利用藻类带负电向阳极移动的特性，对藻类进行清除的研究成果也得到认可[34]。综上所述，可以得出阴极保护的阳极周围的食物链示意图 7.33[11]。另外，目前在交流电场中，也有利用交流脉冲控制而设计出了电驱鱼装置[35-37]。可以预见，直流电的阴阳极转换、交流和直流的重叠通电等在水产技术上的应用将成为今后的研究课题。

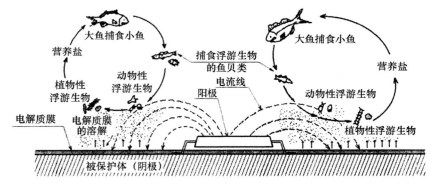

图 7.33　阳极周围的食物链示意图

7.6　系泊金属件的阴极保护

网箱的系泊锚分为钢铁材质和混凝土材质。混凝土锚的连接方式为：混凝土锚上部埋设有半圆形的旧轮胎，旧轮胎与化纤材质的系泊索直接连接。对于含有钢铁的系泊设施，如浮鱼礁、大型网箱、浮式防波堤等的锚固设施，多采用阴极保护。图 7.34 为锚固装置的构造和阴极保护装置的施工图[38]，本节将进行详细介绍。

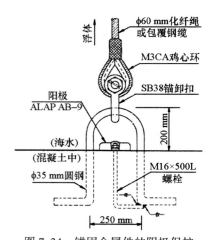

图 7.34　锚固金属件的阴极保护
装置的施工图

1）锚及连接装置

①材质：混凝土；

②形状：长×宽×高＝1 600 mm×1 600 mm×1 200 mm；

③重量：7 t；

④与浮体连接的顺序：（圆钢）＋（锚卸扣）＋（鸡心环）＋（缆绳）；

⑤锚的圆钢：海水中部分为 φ35×250 d×200 L（mm），埋入混凝土中部分为 φ35×1 000 L（mm）×2 pcs；

⑥锚卸扣：SB-38；

⑦鸡心环：M30A；

⑧缆绳：φ60 mm 化纤绳。

2）阴极保护设计条件

①保护范围：圆钢在海水中的部分、锚卸扣、鸡心环及圆钢埋入混凝土中的部分的所有表面积；

②海水电阻率：30Ω·cm（推定值）；

③所用阳极：铝合金阳极 ALAP，AB-9；

④阳极与阴极间的有效电位差：$\Delta E = 0.05$ V；

⑤阳极安装方式：锚-螺栓导通方式。

根据以上条件设计的阴极保护参数如表 7.12 所示，铝合金阳极与锚上部的安装状况如图 7.35 所示。

表 7.12 锚固装置阴极保护设计参数

防腐部位	阴极保护面积（m²）	防蚀电流密度（mA/m²）	所需防蚀电流（A）	安装阳极的名称及数量（个）
圆钢	0.080	100	8.00×10^{-2}	
锚卸扣	0.144	100	11.40×10^{-2}	铝合金阳极 ALAP，AB-9 一个
鸡心环	0.062	100	6.20×10^{-2}	
小计	0.286	—	25.60×10^{-2}	
埋入混凝土部分	0.239	2	0.05×10^{-2}	
合计	0.525	—	25.65×10^{-2}	一个

3）铝合金阳极 ALAP，AB-9 的规格

①形状：长×宽×高 = 150 mm×300 mm×40 mm；

②总重量：5.00 kg；

③净重（不含芯棒）：4.31 kg；

④接水电阻：0.411 4 Ω［设 $\rho = 30$ Ω·cm，由式（7.7）计算出］；

⑤标准发生电流（Is）：0.59 A；

⑥平均发生电流（Ia）：0.11 A；

⑦阳极设计寿命：10.3 年。

图 7.35 锚上部阳极的安装情况

4）说明

该阴极保护设计所使用的阳极寿命为 10 年，但实际上也可采用设计寿命为 5~50 年的阳极。本设计中，将阳极与金属连接装置（阴极）之间的有效电位差设为 $\Delta E = 0.05$ V，原因在于：通常钢结构物与铝合金阳极之间的有效电位差（ΔE）设为 0.25~0.30 V，但当阴极保护面积较小时，阴极发生极化，有效电位差略低于该数值，因此本设计中，由于阴极保护总面积仅为 0.525 m²，所以有效电位差设为低于 $\Delta E = 0.05$ V。当电位差变小时，阳极防蚀电流就会降低，因此即便使用重量小的阳极，也可以延长阳极寿命。

在海洋结构物阴极保护的设计中，一般要使裸钢与大型混凝土结构物的钢筋部分导通，再在二者之间通上阴极保护电流，考虑到钢筋表面被消耗的防蚀电流，在设定裸钢表面电流密度时，通常要高于标准值（100 mA/m²）。在本设计方案中，海水中钢筋混凝土的阴极保护电流密度，由混凝土的质量及覆盖厚度决定，根据"阴极保护电流密度为 1.2 mA/m² 时，

可以维持−850 mV（SCE）的防蚀电位"的报告[39]，我们将埋入混凝土部分的圆钢表面作为阴极保护对象，并且为了提高安全系数，将电流密度设定为 2 mA/m²。另外，若系泊金属件与系泊绳之间使用了钢链连接，钢链也要计算到阴极保护面积中。

7.7 长期耐用网箱的阴极保护设计

目前的研究已经证实了只要金属网箱的阴极保护发挥作用，因腐蚀导致的机械性损耗是可以避免的，但浮式网箱的阴极保护效果仅限于水下金属网和网箱底框，对于水面以上部位的腐蚀和老化无法避免。因此，即使进行了阴极保护处理，镀锌铁丝的最大防腐使用年限也仅仅是镀锌层的 2 倍多，即 5 年左右。基于此，我们设计了长期耐用金属网箱，本节就其构造和防腐参数进行阐述。

1）网箱的基本构造

长期耐用金属网箱必须具备以下性能：组装方便、防腐施工简单、易于维修，且防腐寿命必须达到 5 年以上。图 7.36 为具备这些条件的网箱结构图，其特征是：为了避免水上部位的腐蚀问题，对现有的浮式网箱进行了若干改造，侧网的水上部分采用化纤网或可更换的金属网，浮框上追加了 FRP 防腐。

2）网箱的浮框构造及防腐参数

浮框无论是方形还是圆形，都为钢管桁架结构，如图 7.37 所示，作为网衣固定框的下框 P_3 与之前正好相反，安装在水下。浮框上安装了用于固定的支架，从支架顶部到网衣的固定框架（P_3）之间罩上非金属材质的化纤网，或可更换的金属网。若为化纤网，一般采用成网效果好的单丝聚酯纤维（涤纶）网，若为金属网，则根据腐蚀损耗状况，采用在箱体漂浮状态下易于更换的金属网，这样就解决了水中及水上金属的腐蚀问题。网箱的水下其他部分的结构与普通浮式网箱相同。表 7.13 为长期耐用金属网箱的防蚀参数，由表可知，浮框的防腐，除了水中固定框，全部采用了 FRP 衬里防腐，这是因为 FRP 衬里强度优于铝合金和钛[40]，即使受到作业船或浮木的冲击，也能发挥较强的耐冲击性，而且破损的 FRP 衬里的维修也很方便。

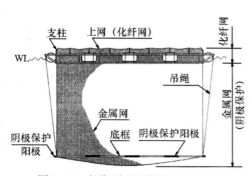

图 7.36　长期耐用网箱的基本构造

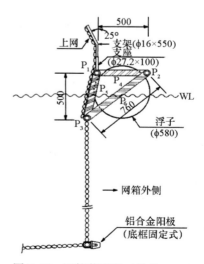

图 7.37　网箱截面图（单位：mm）

表 7.13　长期耐用金属网箱的防蚀参数

部件名称	材质及规格	防腐材料	备注
A：框架			
上网支架	SS400，$\phi16\ mm\times550\ mm$	热浸镀锌	用于固定化纤网
支座	SGP 20A$\times$100 mm	热浸镀锌	
内框（P_1）	SGP 50A	FRP 衬里（2 层压）	用于固定化纤网
外框（P_2）	SGP 50A	FRP 衬里（2 层压）	用于连接吊绳
下框（P_3）	SGP 50A	阴极保护（100 mA/m²）	用于固定网衣
横框（P_4）	SGP 50A	FRP 衬里（2 层压）	
竖框（P_5）	SGP 50A	FRP 衬里（3 层压）	
斜框（P_6）	SGP 50A	FRP 衬里（3 层压）	
法兰表面	SS400	FRP 衬里（3 层压）	
B：网衣			
侧网上方	聚酯树脂系列或可更换的金属网		黑色单丝
金属网	镀锌铁丝网	阴极保护（100 mA/m²）	铝合金阳极
底框	SGP40A	阴极保护（100 mA/m²）	铝合金阳极

注：所用部件仅作参考。

FRP 衬里的层压的生产工艺为：先采用玻璃纤维（玻璃纤维短切毡#EM400）缠绕包住钢管，然后将其浸泡在不饱和聚酯纤维树脂中，最后形成厚度三层，约 2 mm 的层压。本网箱中 FRP 防腐材料如下：水上部分，即内框（P_1）、外框（P_2）、横框（P_4）和化纤网的固定支座为 2 层压；水中部分，即网衣固定框——下框（P_3）由于有阴极保护，所以未用 FRP 防腐，而使用裸钢；处于干湿交替水面的竖框（P_5）和斜框（P_6）均为 3 层压。支架表面采用镀锌防腐。外框法兰表面采用 3 层压 FRP 防腐，

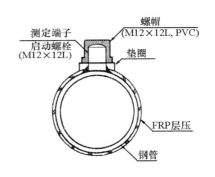

图 7.38　电位测定端子（单位：mm）

连接件螺栓的表面防腐，采用包覆水中硬化型环氧树脂的防腐方式。为了方便监测水下金属网的防腐，本网箱还添加了如图 7.38 所示，安装在外框（P_2）或横框（P_4）上的电位测定端子。

3）海水中的阴极保护

本网箱的网线采用镀锌铁丝，网衣和底框的防腐采用阴极保护方式，保护装置安装在底框上，采用底框固定式，铝合金阳极设计寿命为 5 年以上，详见图 7.39。

4）阴极保护装置的安装时机

在金属网线镀锌层发挥防腐效果期间，不需要安装防腐装置。但由于镀锌网线的使用寿命主要取决于网箱的安放环境，所以对于外海海域的新网箱，最好在使用初期就安装上底框固定式阳极，这样就可以与镀锌层同时发挥防腐作用，大幅提高阳极的使用寿命。对于旧网箱，首先要测定金属网的电位，当金属网电位由铁的防蚀电位-770 mV（vs，SCE）即将向高电位变化时，如达到-800 mV（vs，SCE）左右时，需要尽快安装悬吊式铝合金阳极，使

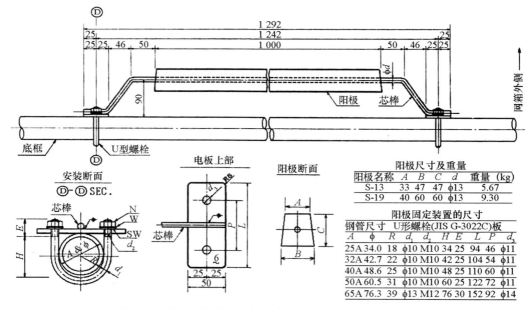

阳极尺寸及重量					
阳极名称	A	B	C	d	重量 (kg)
S-13	33	47	47	φ13	5.67
S-19	40	60	60	φ13	9.30

阳极固定装置的尺寸										
钢管尺寸			U形螺栓(JIS G-3022C)				板			
A	φ	R	d_1	H	E	L	P	d_2		
25A	34.0	18	φ10	M10	34	25	94	46	φ11	
32A	42.7	22	φ10	M10	42	25	104	54	φ11	
40A	48.6	25	φ10	M10	48	25	110	60	φ11	
50A	60.5	31	φ10	M10	60	25	122	72	φ11	
65A	76.3	39	φ13	M12	76	30	152	92	φ14	

图 7.39　底框固定式阴极保护装置的安装图（单位：mm）

金属网继续保持防腐状态，这种做法也可用于养殖鱼类推迟上市，金属网需要继续使用的情况。另外，使用后的悬吊式阳极，若阳极芯棒继续残存，也可以转用于其他网箱的防腐。

参考文献

［1］　ナカボーテック．技術資料"電気防食法"．1988，6pp.

［2］　National Association of Corrosion Engineers. Zinc protects crabs pots but other factors are unfavorable. Corrosion, 1961, 17 (6)：32.

［3］　National Association of Corrosion Engineers. Crabbers save dollars and time by using zinc anodes. Mater. Protec., 1968, 7 (8)：49.

［4］　緑書房編集部．耐用年数 20 年の鋼製小割養殖筏．養殖，1970，7 (5)：58-60.

［5］　Swain G W, E R Muller, D R Polly. A cathodic protection system for the living seas, Epcot Center. Mater. Perform., 1994, 33 (10)：21-27.

［6］　Tilton E J. Unusual problem encountered in cathodic protection of Maiami Seaquarium. Corrosion, 1961, 17 (1)：16-18.

［7］　Markel B, D McCright. San Francisco Bay area section studies shark behavior in a cathodic protection installation. Mater. Perform., 1985, 24 (3)：86-87.

［8］　桑　守彦．金網生簀に関する研究，IV 金網の電気防食効果．水産土木，1984，21 (1)：29-36.

［9］　日本港湾協会．港湾の施設の技術上の基準・同解説，第 3 編，材料．東京：日本港湾協会，1979：33.

［10］　LaQue F L. Marine corrosion：causes and prevention. New York：John Wiley & Sons Ltd., 1975：104-109.

［11］　桑　守彦．水産増養殖施設への電気防食の適用と課題．水産土木，1979，16 (1)：9-16.

［12］　中川雅央．電気防食法の実際．東京：地人書館，1972：20-22.

［13］　中川雅央．ibid. pp. 94-96.

［14］　筧　建彦，大内一憲，遊佐　功．国内各地港湾における鋼材の腐食および陰極防食効果につい

て．防食技術，1972，31（3）：124-128.

[15] 桑　守彦．金網生簀の腐食と防食．日本水産学会誌，1983，49（2）：165-175.

[16] 中川雅央．海中施設の電気防食．東京：日本港湾協会，1959：iv+135pp.

[17] 福谷英二，筧　建彦，木村朝夫．バラストタンク各部陰極防食法の効果．防食技術，1959，8（1）：283-286.

[18] 善　一章．海中構造物腐食の実態と対策．東京：鹿島出版会，1972：12.

[19] 中川雅央．電気防食法の実際．東京：地人書館，1972：20-22.

[20] Shreir L L. Corrosion Vol. 2. London：Butterworth & Co. Ltd.，1976：18-33.

[21] 善　一章，阿部正美．集中腐食に対する電気防食の適用性．港湾技術研究所報告，1983，22（2）：397-423.

[22] 桑　守彦．金網生簀に関する研究，III 金網の腐食とその要因．水産土木，1983，20（1）：23-31.

[23] バール，テットルトン．沖合石油産業と漁業の共存共栄．Ocean Age，1974，6（2）：64-67.

[24] Meyer-Waarden P F, E Halsband. Einführung in die electrofisherei. Berlin：Westliche Berliner Verlagesell-scaft Heenemann KG, 1965：99, 61-63.

[25] Wolfson S L, W H Hartt. An initial investigation of calcareous deposits upon cathodic steel surfaces in sea water. Corrosion，1981，37（2）：70-76.

[26] Korlipara R，R A Zatorski，H Herman. The properties of electrodeposited minerals in seawater. Mar. Tec. Soc. J, 1983-1984, 17（4）：19-28.

[27] 福沢秀刀．電気防食法におけるエレクトロコーティングの効果．防錆管理，1983，27（10）：9-18.

[28] Edyvean R G J. Interactions between microfouling and calcareous deposit formed on cathodically protected steel in sea water. Proc. 6th Int. Cong. Mar. Corr. & Foul.，1984：467-483.

[29] 熊田　誠，藤岡　稔，宮崎芳明，佐々木靖敏．コーラル・プロセスによる藻場造成．水産土木，1986，22（2）：19-23.

[30] 熊田　誠．海中鉱物の電解被覆．電気化学，1990，58（5）：410-415.

[31] LaQue F L. Corrosion and protection of offshore drilling rigs. Corr.，1950，6（5）：161-166.

[32] Klima E F. An advanced high seas fishery and processing system. Mar. Tec. Soc. J.，1970，4（5）：80-87.

[33] 村上良一．電着塗装の歴史と原理．表面技術，2002，53（5）：288-292.

[34] 谷村嘉恵，黒田正和．電気化学方法を利用した藻類直接除去．水環境学会誌，2002，25（1）：53-56.

[35] 前畑英彦，釜田　浩，大工博之，荒井浩成，大谷誠二．電気スクリーンによる海域遮断技術．日立造船技報，1987，48（1）：1-11.

[36] 前畑英彦，大工博之，塚原正徳，荒井浩成，岡山広幸，平田　肇，大谷誠二．電気スクリーン技術とその応用．日立造船技報，1988，49（2）：96-104.

[37] 前畑英彦，荒井浩成，大工博之，塚原正徳，大谷誠二，浦本武郎．電気スクリーン方式による海域遮断技術の開発（第2報）．水産土木，1990，26（1）：5-12.

[38] 桑　守彦．人工漁礁鋼材の電気防食について．水産土木，1980，16（2）：7-14.

[39] Gjφrv O E, φ Vennsland. Proc. of Corrosion'79, paper, 1979, （135）：3-15.

[40] 滝山栄一郎．ポリエステル樹脂．東京：日刊工業新聞社，1970：189-193.

第8章 防污损对策

8.1 "防污损对策"的概念

1905年5月27—28日发生的对马海战中，强大的俄罗斯舰队惨败于日本舰队，着实让人吃惊，有观点认为其原因之一在于船底的污损生物[1,2]。该舰队从俄罗斯出发开往日本近海历时7个月，途中在马达加斯加岛停留了两个月，在金兰湾停留了两个月，在这期间船底附着了藤壶类等大量污损生物，污损生物大大增加了航行阻力，使船速变缓，导致船底受损。这与以逸待劳的日本舰船相比处于极其不利的境遇。

因污损生物附着而导致设施受到影响，致使其机能下降的现象称之为生物污损（Bio-fouling），为应对污损而对其做出的生物附着抑制、防治、清除等做法统称为防污损对策（Anti-fouling）。

现实生活中，需要防治污损的设施很多，除了对流速阻力和滤水功能有要求的船体外板和网箱之外，还包括利用海水作为冷却水的火力、原子能发电站，各种取水设施，引水管道和与之相连的热交换器、冷凝器等。这些设施因生物污损面积不断扩大致使其通水性受到阻碍，脱落下来的污损生物又阻塞了管道，影响了热交换效率等。造成污损的海洋生物有藤壶类和紫贻贝类等，它们与细菌、硅藻类的微型污损生物（Micro fouling organisms）相比，被称为大型附着生物或大型污损生物（Macro fouling organisms）。在金属结构物中，由于污损生物的附着及其产生的代谢物和腐烂物等能够引起腐蚀，因此采取防污对策的同时必须要采取防腐措施。

防污损措施以前多采用有毒物质，例如在船底涂上汞类杀生物剂（Biocides）[3]，用其毒性来杀死附着生物的幼体及成体，从而达到清理的效果，但众所周知，现在基于环境保护和生物安全性的角度，防污损对策已经转为无公害的环境友好型[4-8]。

不可否认，一直以来在污损生物的研究中，防污损对策总是放在首位，即将污损生物作为有害物处理，但是，污损生物在海洋生态系统中也扮演着重要角色，如海藻、牡蛎是人类的食物资源，紫贻贝具有水质净化功能，海藻类不仅为幼鱼提供了繁育的场所，而且也是氧气的生成源。因此，近些年来，研究附着生物对海洋环境保护的作用，以及相关的技术开发渐成趋势[9-12]。

另外，从经验常识来看，栖息鱼类和附着生物多种多样，越是它们易于繁殖的海域越是最适合养殖鱼贝类的场所，因此，在研究海水养殖设施防污对策时，应该探讨如何与污损生物共存，基于这种思路，采取了混养条石鲷类的养殖方法以及真鲷深海养殖法，前者利用条石鲷捕食附着生物，后者由于处于深海，网衣几乎没有附着生物[13]。这种基于生物学或改善养殖环境而实现的防污损方法，既保护了海洋环境，又提高了鱼类产量及商业价值。

8.2 污损生物的附着机理

放置于海水中的全新基体（Substrate）表面附着生物的着生过程，如图8.1所示，有如下4个生长阶段[14]。

（1）基体刚刚浸入海水阶段，在生物化学作用下，从海水中主要吸收糖蛋白和多糖类高分子，经过数小时后达到力学上的平衡，它会使物体表面电学特性和溶质浓度等发生变化，形成浮游生物附着和繁殖的生物膜。

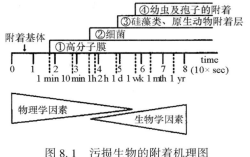

图8.1 污损生物的附着机理图

（2）高分子层的表面附着菌类，其繁殖通常是基体入水一小时后开始，分泌出黏性物质并形成生物黏泥。

（3）从第二天开始，生物黏泥层捕捉到杆菌、酵母菌、硅藻类等原生微型污损生物后开始形成生物膜（Biofilm）。

（4）经过一周左右，生物膜开始引诱吸附大量的海洋生物幼虫和孢子等。

8.3 金属腐蚀与污损生物附着的关系

了解了金属网构成金属的防污特性后，开展了海洋环境下不同金属的挂板浸泡试验，金属挂板参数如表8.1所示[15]。具体情况：实验 I 为期853天，金属分别为软钢（SS400）、纯锌（Zn）、锌-铝合金（90Zn-10Al）、纯铜（Cu）等；实验 II 为期146天，挂板的入水时间选择在藤壶类生长最旺盛的夏季，所用挂板除了上述4种材质之外，还增加了铜合金材质的白铜（90Cu-10Ni）及不锈钢（SUS304），共6种，试验的目的是观察其浸泡后的表面状态。

表8.1 腐蚀与生物附着的关系

挂板编号及材质	规格	形状（t×w×L, mm）
1. 软钢	SS400，JIS G3101	1.6×100×220
2. 纯锌	Zn，JIS H2107（Zn：99.99%）	3.0×100×220
3. 锌-铝合金	90Zn-10Al	3.0×100×220
4. 纯铜	C1100P，JIS H3101	1.0×100×220
5. 铜合金（白铜）	90Cu-10Ni	1.0×100×220
6. 不锈钢	SUS304，JIS G4304	0.5×80×400

实验场所：骏河湾沼津市西浦木负附近海域日吉水产养殖场

实验时间：实验 I（挂板 No.1~4）：1997.3.27—1999.7.28（853天）

实验 II（挂板 No.1~6）：1999.7.28—1999.12.21（146天）

试片下垂深度：从试验浮架至水下3 m

各挂板上主要附着生物出现的频率如表8.2所示，实验I中各金属的表面状态如图8.2所示。软钢挂板表面在155天后（1997年8月下旬），全部被铁锈覆盖，几乎无生物附着（FeA），但是435天后（1998年6月上旬），未见铁锈溶解，出现了藤壶、紫贻贝、皱瘤海鞘等附着生物，防污损效果失效（FeB），到了853天后（1999年7月下旬），可以观察到附着生物反复附着、脱落的痕迹，剥离藤壶类吸附动物后，可见黑锈层（FeC）。

表8.2　不同金属材料附着生物的种类及出现频率

实验编号及实验时间	实验I（1997.3.25—1999.7.28）												实验II（1999.7.28—12.21）					
调查时间	1997.8.29				1998.6.5				1999.7.28				1999.12.21					
挂板浸水天数（天）	155				435				853				146					
挂板	Fe	Zn	ZA	Cu	Fe	Zn	ZA	Cu	Fe	Zn	ZA	Cu	Fe	Zn	ZA	Cu	CN	SU
附着硅藻类	rr	r	rr	r		r	r	r		r	r	cc	rr	r	r	r		rr
石莼类					rr				rr				rr					
黑矾海绵					rr													
橙矾海绵					+				+	rr	rr							
粗糙海绵					rr	c	c											
紫海绵	cc	cc	cc						rr	r		r						
水螅类		rr	r				r	r						+	rr			
海葵类					r													
多室草苔虫					rr				rr									
苔藓虫		rr				rr												
血苔虫									r									
华美盘管虫					+	rr	rr		+	rr	r		+	r	r			
紫贻贝					cc					c	rr							
翡翠贻贝													rr					
长牡蛎									rr				rr					
红藤壶					r				rr				c					rr
大红藤壶					rr				r				c					rr
美国藤壶									rr				rr					+
致密纹藤壶					rr	rr			rr		rr		+					r
纹藤壶					+				c		r	r	cc					r
皱瘤海鞘					rr				cc				cc					rr
紫拟菊海鞘	r	rr	r															

注1：Fe——软钢；Zn——锌；ZA——90Zn-10Al；Cu——纯铜；CN：90Cu-10Ni；SU——不锈钢。

注2：cc——出现频率非常高；c——出现频率高；+——出现频率介于c和r之间；r——出现频率低；rr——出现频率非常低。

纯锌挂板表面在155天以后，可以看到生成白色泡状的氢氧化锌，在其表面偶见多毛纲环形动物和硅藻类生物（ZnA），至第435天时，虽然在挂板的吊绳上出现了附着生物，且

图 8.2　不同金属挂板表面的生物附着情况（实验Ⅰ）

FeA. 软钢（SS400）浸渍 155 天后，红锈表面附着少量紫拟菊海鞘类；FeB. 软钢 435 天后，出现大量附着生物；FeC. 软钢 853 天后，硬锈表面出现藤壶类附着生物；ZnA. 纯锌 155 天后，氢氧化锌表面出现硅藻类附着生物；ZnB. 纯锌 435 天后，吊绳表面的附着生物繁殖蔓延到挂板；ZnC. ZnB 表现消除后，附着生物与氢氧化锌一起，易于剥落；ZA. 90Zn-10Al 合金 435 天后，出现海绵类、苔虫类、紫贻贝等；Cu. 纯铜 853 天后，除吊绳的连接处之外，几乎未见附着生物

已繁殖蔓延到金属表面，但是金属表面的防污效果发挥了作用（ZnB），853 天以后，可见吊绳上出现附着生物的繁殖，但是金属表面上出现的附着生物，与腐蚀生成物氢氧化锌一起，易于剥落（ZnC）。

　　锌-铝合金挂板表面在 435 天之内，具有与纯锌挂板表面同样的防污效果，在 853 天后，出现了藤壶类生物，但与附着在软钢上的微生物相比，它们的外壳尺寸略小几毫米（ZA）。

　　铜挂板的表面，在 853 天后生成了绿色的氢氧化铜，表面附着的硅藻类也呈现黑褐色，除吊绳的连接处之外，未见藤壶类大型附着生物（Cu）。

　　实验Ⅱ中的挂板表面如图 8.3 所示，软钢和不锈钢挂板在入水后（7 月下旬）不久就出现了藤壶类，软钢挂板的表面更是全部被藤壶覆盖（Fe）。虽然钝化不锈钢挂板表面易于附着污损生物[16]，但其表面藤壶类的覆盖率仅为软钢表面的 10%，而且还存在无污损生物的表面（SU）。纯锌及锌-铝合金挂板表面的附着情况与实验Ⅰ相同，无论是生物种类还是生物量都比软钢少，尤其是藤壶类不容易附生（Zn）。铜及铜合金挂板表面，未见大型附着生物，铜合金与铜相比，硅藻类的覆盖率略多（CN）。

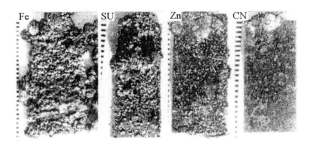

图 8.3　软钢、不锈钢、纯锌及铜合金挂板浸泡 146 天后的生物附着情况（实验Ⅱ）

Fe. 软钢表面藤壶类密集；SU. 不锈钢（SUS304）表面同时存在生物附着处及未附着处；Zn. 纯锌表面仅有少量多毛纲环形动物；CN. 铜合金（90Cu-10Ni）的硅藻类附着生物。各挂板左缩尺：10 mm/1div

8.3.2　腐蚀量与防污效果的关系

　　各挂板表面污损生物的附着量与腐蚀量如图 8.4 所示，实验Ⅰ中，附着生物量多的金属

腐蚀量就少。实验Ⅱ中，由于实验持续时间不足实验Ⅰ的1/5，所以附着生物数量相对较少，腐蚀量相对多一些。软钢的生物附着量在两个实验中差异很小，但实验Ⅰ中的腐蚀量几乎是实验Ⅱ中的2倍，软钢腐蚀还出现了点蚀穿透板面的现象。在实验Ⅰ中，挂板入水时间为3月下旬，几乎没有污损生物附着，这反而促进了铁锈的产生[17,18]，经过435天后，进入夏季藤壶类的生长期，但是藤壶类的附着率仍然较低，这是由于挂板表面的铁锈发挥了防污损的作用[17,18]。与此相反，实验Ⅱ中的软钢表面，在挂板入水后即被藤壶类覆盖，阻断了与海水的接触，可见污损生物的覆盖起到了包覆防腐效果[19-21]。这些表面状态的差异也反应在实验结束时的电位变化上，图8.5为各个挂板的电位随着时间推移而发生的变化（历时变化）示意图，软钢的防蚀电位为-770 mV（SCE）[22]，而在实验结束时，实验Ⅰ的防蚀电位达到-660 mV（SCE），实验Ⅱ的防蚀电位达到-700 mV（SCE），说明实验Ⅰ由于腐蚀持续，其电位比被藤壶类覆盖的实验Ⅱ高了40 mV。

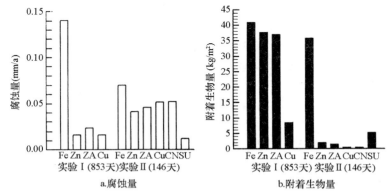

图8.4　腐蚀量与附着生物量

Fe——软钢；Zn——锌；ZA——90Zn-10Al；Cu——铜；CN——90Cu-10Ni；SU——不锈钢

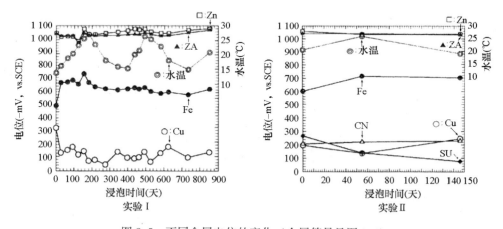

图8.5　不同金属电位的变化（金属符号见图8.4）

　　锌及锌-铝合金的附着生物量，在实验Ⅰ中与软钢基本相同，在实验Ⅱ中不足软钢的5%。关于二者的腐蚀量，实验Ⅱ超出实验Ⅰ的10倍以上，这些差异源于实验时间的不同，在实验周期较长的实验Ⅰ中，吊绳连接处的附着生物繁殖蔓延到金属挂板，这样由于附着生物的覆盖使得腐蚀量大幅减少了。另外，两种金属的电位也很相似，在各自表面上生成的氢氧化锌使得藤壶类的污损生物很难附着，即便有少量藤壶生物附着，也会随着氢氧化物一起，很容易被清除。纯锌的腐蚀损耗几乎均等，未见较大的点蚀痕迹。

关于铜及铜合金，这两种金属表面很难生成大型附着生物[23-25]，仅在氢氧化物表面出现混有硅藻类的生物黏泥，两种金属的电位变化也基本相同，在实验Ⅰ中，铜挂板浸入海水853天后，出现了点蚀穿透板面的现象，铜合金的生物黏泥覆盖度高于铜，其原因可以认为是铜合金中镍的混合比例降低了防污效果[26]。

不锈钢的电位从入水到实验结束，几乎呈直线向高电位变化，这是因为受到硅藻类及细菌等污损生物的附着[27,28]及微生物膜[29-33]的影响。不锈钢是所有参加测试的金属中腐蚀量最小的，其附着生物的分布也呈现不均衡现象，可在藤壶类外壳边缘观察到缝隙腐蚀[34]以及点蚀，但无生物附着的表面上也没有腐蚀发生，其原因可推测为：被钝化膜覆盖的表面，在微观上是很光滑的，幼虫和孢子很难附生。

8.3.3　金属氢氧化物表面的防污机理

各类金属的防污效果具体如下：

（1）软钢的生锈表面几乎没有附着生物，但是如果生锈之前出现藤壶类的附生，腐蚀就会受到抑制，不具有防污作用；

（2）锌及锌合金90Zn-10A1生成了氢氧化锌，其表面难以附着污损生物，附生的藤壶类和氢氧化物一起，容易被清除；

（3）铜及铜合金90Cu-10Ni上有硅藻类微小污损生物附着，但是难以附着藤壶类大型污损生物。

若将这些金属按照防污性进行排列，依次为铜（Cu）>铜合金（90Cu-10Ni）>锌（Zn）>锌合金（Zn-10Al）>软钢（Fe）>不锈钢（SUS304）。除了钝化的不锈钢以外，其他5种金属表面生成的氢氧化物，具备防污效果。如图8.6所示，贻贝类生物没有将足丝附着在黏土之一的膨润土表面[31]，其原因在于金属氢氧化物表面即使具备了图8.1中附着生物的着生条件，但正如海土层没有附着生物一样，金属氢氧化物表面柔软脆弱且不稳定，难以成为附着生物的基盘。另外，虽然锌的表面难以附着藤壶类生物，但是海鞘类等能分泌黏液的软体动物却很容易附着。其他金属氢氧化物表面可以看到类似的防污效果[32]，它们的防污机理可总结如图8.7。

图8.6　贻贝类避免将足丝附着在黏土表面

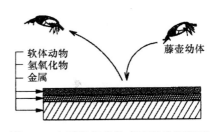

图8.7　金属氢氧化物表面的防污机理

157

8.4　铜合金金属网的防腐与防污

铜合金（白铜，Cu-Ni）的耐腐性和防污性受到其合金组成的影响[27,33-35]，90Cu-10Ni合金仅次于铜的防污性[36]，铜合金正越来越广泛地被应用于金属网衣的制造上，但尽管这种金属网衣具备了一定的防污性，但没有如镀锌网线那样的镀层防腐和阴极保护防腐作用，且裸线直接暴露在海水中，因此如图8.8所示，网线的直径，特别是网结处的直径，因氧浓差腐蚀的生成物不断产生和脱落，导致网线变细。基于此，采用具有防腐防污效果的"防腐电流通电法"[37]对铜合金开展测试[38]。

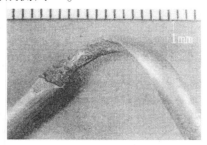

图 8.8　95Cu-5Ni 金属网线的腐蚀样本

8.4.1　防腐与防污电流的通电

1）供测试金属网

试验详情如表8.3所示，自1996年2月开始，历时14个月，地点为沼津市西浦木负附近海域的海水养殖场。测试所使用的金属网为90Cu-10Ni材质的菱形金属网，金属网的形状为正方形，线径×网目=φ3.2 mm×50 mm，缝合面积为1 m²/张，每张金属网的四边都插入直径φ5.0 mm的同材质的线材，作为外框。根据表2.8的表面积系数，可计算出每张金属网的表面积为0.471 m²。如图8.9所示，供测试的金属网数量为10张，金属网由两根平行的合纤绳吊在浮架上，浮架与金属网中心位置的高度差为3 m。

表 8.3　白铜（90Cu-10Ni）金属网的防腐、防污通电试验内容

试验时间：1996.2.22—1997.8.23（426天）	
试验地点：静冈县沼津市西浦木负附近海域日吉水产养殖场	
供测试金属网	材质及形状：90Cu-10Ni线材，菱形金属网，线径×网目=φ3.2 mm×50 mm
	网线编结方式：纵目式
	金属网的缝合面积：长（1 m）×宽（1 m）=1 m²/张
	供测试金属网数量：10张
金属网放置水深：从浮框处用两根等长的绳索将金属网吊起，使金属网中心位置处于水下3 m	
试验防蚀电流密度：0 mA/m²，5 mA/m²，10 mA/m²，15 mA/m²，20 mA/m²，25 mA/m²，30 mA/m²，40 mA/m²，50 mA/m²及100 mA/m²	
防蚀电流的通电方式：利用铝合金阳极和金属网（阴极）之间的电位差	
电流密度的调整方式：在阳极和各个金属网（阴极）之间插入电阻器	

2）阴极保护电流密度的设定

金属网采用阴极保护防腐，防蚀电流由铝合金阳极提供，铝合金阳极安装在水下20 m处，利用与金属网（阴极）的电位差，进行通电。浮架上安有水密箱，水密箱连接阳极与各个金属网，水密箱内装有调整电流密度的电阻器。本试验中，通过电阻器，将阴极保护电流密度设为0~100 mA/m²，共10个不同数值，详见图8.9。

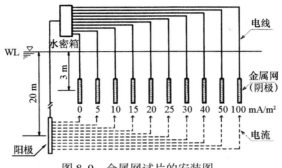

图8.9　金属网试片的安装图

阴极保护是对防腐对象表面通防蚀电流，只要使保护对象表面达到-200~-300 mV的阴极极化电位，就达到了防腐功能[39]。受腐蚀的铁和铜的表面，几乎没有污损生物附着[15-18,24]，利用这一特点，只要使金属网的电位维持在防蚀电位以下即可。具体以阴极极化值为例，若将防蚀电压量调整到-100~-150 mV数值范围内，则金属网表面处于不完全防腐状态，这样金属网线表面会产生少量腐蚀，腐蚀生成的氢氧化物就发挥了防污作用。同时，网线的结节处，由于溶氧浓度小，其交接部位因扭折、弯曲导致应力集中，表面结晶分布不均匀，产生电位不均衡，相对于网线的直线部位，电位较高，因此与铝合金阳极产生了最大电位差，防蚀电流集中于网结处。本试验中的防蚀电流密度（阴极电流密度）参考了如图8.10所示的海水环境下90Cu-10Ni合金板的阴极极化值的室内实验结果，设定为：当阴极极化值为200 mV以下时，防蚀电流密度为0~30 mA/m²，具体设为0 mA/m²、5 mA/m²、10 mA/m²、

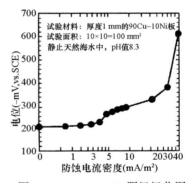

图8.10　90Cu-10Ni阴极极化图

15 mA/m²、20 mA/m²、25 mA/m²、30 mA/m²七个级别；当阴极极化值为200 mV以上时，电流密度激增到40 mA/m²以上，具体设为40 mA/m²、50 mA/m²、100 mA/m²三个级别。另外，金属网安放在水深3 m处，这是实验海域最容易着生污损生物的深度[40]。铝合金阳极虽然设置在附着生物难以着生的水深20 m处，但为了防蚀电流持续通电，定期对阳极表面少量的污损生物进行清理，同时为了防止着生在各试验金属网吊绳和电线上的污损生物向金属网蔓延繁殖，也将它们进行了定期清除。

3）防腐、防污效果的观察

观察每个月金属网表面的防腐、防污状态，测定腐蚀电位（vs.SCE）。根据无污损面积与缝合面积的比例，计算金属网的防污率。另外，为了观察电位随时间的变化，在各金属网上方安装了海水-氯化银电极（Ag/AgCl），试验开始后60天内，使用数据记录仪（data logger）记录下金属网每小时不同的电位数据。试验结束后，整理出不同电流密度下，金属网

159

附着生物的种类及出现频率，并且通过对比实验前后金属网的重量差异，测出了腐蚀消耗速度，并对表面处理后的状态进行观测，结果详见下节内容。

8.4.2　防腐与防污效果的关系

1）金属网的电位变化

金属网电位（vs.SCE）随着时间推移而产生变化（历时变化），图 8.11 中记录了阳极电位及实验海域的水温变化。金属网电位与阴极电流密度成反比，电流密度越高电位越低，90Cu-10Ni 的自然电位，在不通电的情况下（0 mA/m²），介于-200～-250 mV，在不同电流密度下，自然电位对应的阴极极化值为：电流密度为 5～40 mA/m² 时，变化甚微；电流密度为 40 mA/m² 时，极化值为平均值（约-100 mV），低于室内实验值的 1/4；电流密度为 50 mA/m² 时，极化值为 -100～-400 mV，为 10 个月后的最大值。这些变化的原因在于：随着污损生物的着生和脱落，金属网的裸露面积也发生相应的变化，具体而言，当防蚀电流的通电量基本恒定时，阴极极化值随着污损生物的着生、脱落而发生变化，若阴极面积减少，向低电位变化，若阴极面积增大，向高电位变化[41]。因此可以推测出：当电流密度为

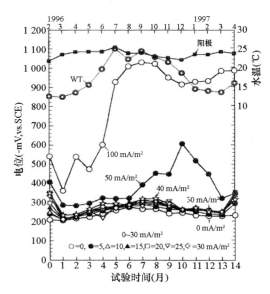

图 8.11　金属网电位的经时变化图

50 mA/m² 时，阴极极化值在 10 个月之内向低电位变化是因为附着生物量增多，在 10 个月之后向高电位变化是因为附着生物量减少；当电流密度为 100 mA/m² 时，阴极极化值最大约为-700 mV，可见阴极保护发挥了作用；当电流密度为 40 mA/m² 时，阴极极化值与室内实验值的差异最大，其原因在于污损生物的着生和脱落，促进了铜合金腐蚀细菌的附着[42]，还有海浪及流速导致金属网表面溶氧量发生变化等环境因素。图 8.12 为试验开始后 1 440 小时（60 天）内所观察到的金属网电位（vs.Ag/AgCl）的变化图，可以看出不同电流密度下，都存在一定的变化幅度，可以推测出金属网表面受到了不断变化的海洋环境因素的影响。

2）金属网防污状态的历时变化

金属网代表性的表面状态如图 8.13（A～L）所示，在入水 1 个月后（3 月中旬），各金属网上散见硅藻类附着生物，当电流密度为 0～50 mA/m² 时，出现少量绿色氢氧化铜，且电流密度越低，其生成的几率就越大（A）；3 个月后（5 月下旬），当电流密度为 0～50 mA/m² 时，金属表面状态与一个月之前相比，几乎没有变化（B），当电流密度达到 100 mA/m² 时出现了石莼类附着生物（C）。

在入水 6 个月后（8 月下旬），当电流密度为 0 mA/m² 时，散见水螅纲类生物（D），当电流密度为 0～50 mA/m² 时，出现了少量紫贻贝幼体（E），当电流密度达到 100 mA/m² 时，藤壶类全面着生，抗污性能完全消失（F）。

在入水 7 个月后（9 月中旬），当电流密度为 0～50 mA/m² 时，氢氧化膜开始剥落，零

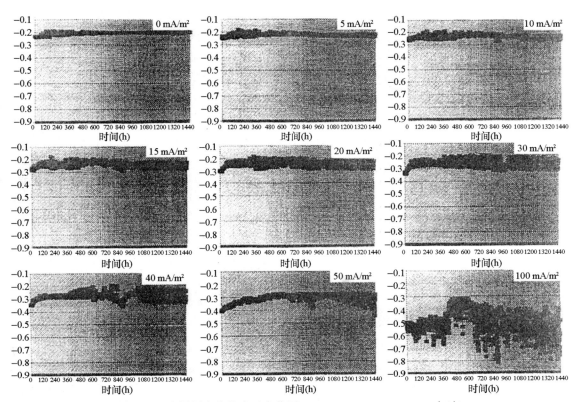

图 8.12　金属网电位的小时变化图（V，vs. Ag/AgCl，1 440 小时）

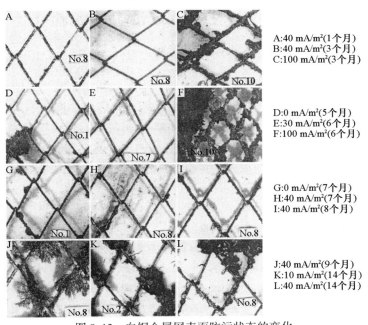

A:40 mA/m²(1个月)
B:40 mA/m²(3个月)
C:100 mA/m²(3个月)

D:0 mA/m²(5个月)
E:30 mA/m²(6个月)
F:100 mA/m²(6个月)

G:0 mA/m²(7个月)
H:40 mA/m²(7个月)
I:40 mA/m²(8个月)

J:40 mA/m²(9个月)
K:10 mA/m²(14个月)
L:40 mA/m²(14个月)

图 8.13　白铜金属网表面防污状态的变化

呈出现紫贻贝幼体开始脱落，当电流密度为 0 mA/m² 时，开始出现了藤壶类（G），但当电流密度为 5~40 mA/m² 时，硅藻类很少，防污率接近 100%（H）。

在入水 8 个月后（10 月下旬），当电流密度为 0~50 mA/m² 时，出现了少量多室草苔虫（I）；9 个月后（11 月下旬），多室草苔虫的数量略有增长（J）。

在入水 10 个月后（12 月下旬），当电流密度为 50 mA/m² 时，藤壶类的附着量呈现增长趋势，防污性与 6 个月后 100 mA/m² 电流密度下（F）情况相同，防污效果消失。但是，当电流密度为 5~40 mA/m² 时，几乎无藤壶类的附着，防污率达到 90% 以上。

在入水 12 个月后（12 月下旬），各金属网上出现的多室草苔虫已经大部分死亡、脱落，当电流密度为 0~40 mA/m² 时，散见水螅类、海绵类、环形动物类、海鞘类附着生物，此时的防污率保持在 90% 以上。

在入水第 13 个月至第 14 个月（4 月下旬，实验结束），各个金属网上附生的海鞘类，大部分逐渐死亡、脱落。当电流密度为 50 mA/m² 时，如前面所述，10 个月前后附着生物量的增加和减少极大影响金属网电位，但是此时由于藤壶类固着动物没有发生脱落，所以防污效果没有得到改善。到了 14 个月后，不同电流密度下，防污效果出现了差异，在 10~25 mA/m² 的电流密度下，金属网局部地方出现了因水螅虫类和海绵类而引起的网眼堵塞现象，但当电流密度为 40 mA/m² 时，水螅虫类和海绵类着生量大幅减少（K，L）。

8.4.3 阴极保护电流密度与防污率

试验结束时阴极电流密度、防污率与电位的关系如图 8.14 所示，防污率在电流密度为 40 mA/m² 时，达到最大，超过 90%；当电流密度为 0~30 mA/m² 时，防污率在 25~30 mA/m² 区间内达到 70%，在 10~20 mA/m² 区间内达到 50%，在 0 mA/m²（不通电）时，达到 30%，且电流密度越接近 0 mA/m²，防污率越小。通过对防污效果的历时变化和电位测定值的综合分析，可以发现历时 12 个月以上，且抗污效果达到 90% 的电流密度，处于 30~40 mA/m² 之间，此时相对于自然电位，阴极极化值都在 -20~-40 mV 的范围内，其原因有待于今后研究。

测定的金属网的腐蚀速度如下：即便不通电，也未见如图 8.8 所示的严重腐蚀现象，其原因可能为本次试验所用合金中 Ni 的成分，比图 8.8 中多 5%。当电流密度为 0~40 mA/m² 时，腐蚀速度几乎没有差异，平均值为 7.15±0.93 μm/a，而在 50 mA/m² 时，腐蚀速度为 3.03 μm/a，100 mA/m² 时的腐蚀速度几乎测不出来[43]。在海浪流速为 1.0 m/s 的环境下，关于 90Cu-10Ni 的防污性，有研究认为在腐蚀速度为 0.001 g/（m²·h）时，效果最显著[43]，本试验中电流密度为 0~40 mA/m² 时的平均腐蚀速度经过换算后，为 0.007 g/m²h，二者有较大差异，其原因可以认为是由流速差异导致。如图 8.15 所示，体现 90Cu-10Ni 防污性的腐蚀速度，是以 μm/a 为单位，极其微小。

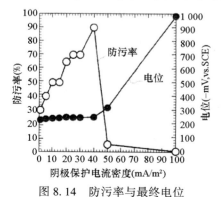

图 8.14　防污率与最终电位　　　　图 8.15　金属网的腐蚀速度

图 8.16 反映了金属网的防蚀效果，展示了安放 14 个月后，电流密度分别为 0 mA/m² 和 40 mA/m² 时，网箱网结处的表面状态。金属网线的网结表面在编网之初就存在"刮伤"，其表面因弯曲、扭折导致应力集中，外加上波浪的冲击，因此更易于腐蚀。当电流密度为 30~100 mA/m² 时，网结表面的刮伤基本保持原样，未见腐蚀，但当电流密度为 0~25 mA/m² 时，刮伤及其他部位均有腐蚀，且电流密度越接近 0 mA/m²，腐蚀强度越大。由此可以得出，防污性发挥作用的最佳电流密度为 30~40 mA/m²，只要电流密度大于 30 mA/m²，就可以有效地避免网结处的腐蚀损耗。

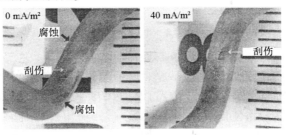

图 8.16 网结表面的状态

8.5 污损生物的清除方法

附着生物的繁殖能力极强，除了高速航行的船体外板之外，大部分海洋中的人工建筑物，只要其表面局部地方出现污损生物，就会迅速被污损生物繁殖蔓延至整个表面，尤其对于分泌足丝的贻贝类，这种现象更为突出。在网箱的网衣上，贻贝类也经常出现，它们成片繁殖，甚至能堵塞网眼。藤壶类和牡蛎类等附生物的外壳，又给其他附着生物提供了新的吸附基盘，其他生物在它们上面吸附生长，繁殖叠加，最终又因自重从基盘脱落，脱落后的表面又再次出现污损生物，这样金属表面因污损生物的附着和脱落，防腐效果受到一定的影响。

污损生物对网箱造成的危害很大，如降低水循环效率，导致网箱内环境恶化，使养殖鱼类发生擦伤并诱发病原菌感染等。铜合金和镀锌材质的金属网箱，虽然具有一定的防污效果，但也受到网箱的安放环境和使用条件的影响。网箱的污损无时不在，因此必须采取清除污损生物的措施。金属网箱因镀锌品质的改善和阴极保护的应用，使用年限大幅提高，对于非金属网箱，即便是长期耐用的聚酯纤维（涤纶）网箱，也必须采取相应的防污措施。目前，清除网箱污损生物的方法有高压海水冲洗法和混养天敌法，后者是利用污损生物的天敌，达到清除效果的方法。在工业设施的防污对策中，虽有实验采用了抑制生物膜生成的方法，这比物理及化学防污法更有效，但未达到实用阶段。[44] 因此，混养天敌法是目前唯一可行的防污方法，它属于生物学方法，不仅能全面清理所有污损生物，而且不产生任何副作用。

8.5.1 高压海水冲洗法

高压海水冲洗法是通过高压海水对网衣上附着的污损生物进行清洗的方法，分为人工手动型和水下机器人型。人工手动型需要船上配备海水加压装置和海水喷射枪及耐高压软管，由潜水员潜入海中，从网箱内侧向外侧喷射清洗。通常的配备标准是：水压达到 40 kg/cm^2，喷嘴直径为 φ3 mm，喷嘴与金属网衣之间的距离为 50 mm[45]。冲洗顺序为：首先冲洗侧网，从网箱浮架处伸入喷枪，冲洗喷枪最大可冲洗长度的侧网，其他位置则采用潜水作业的方式进行冲洗。

水下机器人型设备如图 8.17 所示，主机为四轮驱动设备，配有海水喷枪，通过遥控装置控制，可自动清洗金属网或化纤网的侧网和底网，所用高压水泵的喷射压力为 115 kg/cm^2，喷射流量为 125 L/min[46,47]。

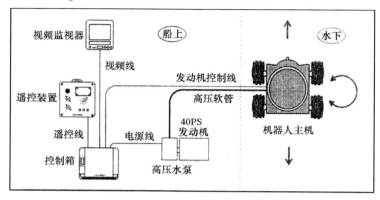

图 8.17　水下机器人型网箱清洗机系统

8.5.2　混养天敌法

在条石鲷与鲀鱼类栖息的海域，观察到它们侵入网箱内摄食残饵，同时也捕食网衣上的附着生物的现象[48]。根据经验常识，可通过混合养殖天敌来对抗网衣污损生物。于是在日本中西部的海水养殖场开展试验，在幼鰤养殖网箱内混养条石鲷类，并调查了这种混养天敌法的去污效果[49]。试验所用网箱如表 8.4 所示，调查时间从 1978 年 4 月开始，历时 4 年，本节将结合其他文献资料[50-52]，对混合饲养法的有效性及其对养殖鱼类的影响作详细介绍。

表 8.4　附着生物观测网箱的基本情况

网箱 * No.	养殖鱼类	放养尾数 （kg/尾）	鱼体重量 （kg/m^2）**	放养密度 （kg/m^2）	放养率 （%）	养殖区域
1	幼鰤	10 000	2.5~3.0	15.2~18.2	100	西伊豆町田子
2	蓝鳍金枪鱼	约 30	约 40	约 0.7	100	同上
3	红鳍东方鲀（幼鱼）	2 000	0.4~0.6	1.8~2.7	100	同上
4	红鳍东方鲀（成鱼）	不明	1.5~2.0	不明	100	沼津市口野
5	真鲷	6 000	约 0.5	约 6.0	100	奄美大岛阿室釜
6	条石鲷	6 000	约 0.5	约 6.0	100	同上
7	幼鰤	5 000	3.0~4.0	28.2	100	沼津市西浦木负
8	幼鰤	5 000	3.0~4.0	28.2	100	同上
9	幼鰤	5 000	3.0~4.0	28.2	100	同上（阴极保护）
10	幼鰤	5 000	3.0~4.0	28.2	100	同上（与阴极保护对照）

网箱 * No.	养殖鱼类	放养尾数 （kg/尾）	鱼体重量 （kg/m²）**	放养密度 （kg/m²）	放养率 （%）	养殖区域
11-1 11-2	【第一养殖期】 幼鰤 条石鲷 【第二养殖期】 幼鰤 条石鲷	4 000 300 3 500 300	3.2~3.3 约 0.3 2.0~3.0 约 0.5	28.4~29.3 约 0.2 15.6~23.3 约 0.3	93.0 7.0 92.1 7.9	沼津市西浦木负 （混养、阴极保护） 同上 （混养、阴极保护）
12	幼鰤 条石鲷	4 000 300	3.2~4.0 约 0.6	28.4~35.6 约 0.4	93.0 7.0	沼津市西浦木负 （混养、阴极保护）
13	幼鰤 条石鲷类	2 000 200	2.3~3.0 约 0.6	8.9~13.3 约 0.3	90.9 9.1	沼津市西浦江梨 （混养）
14	红鳍东方鲀（成鱼） 真鲷 条石鲷	4 300 100 50	1.5~2.0 1.0~1.2 1.0~1.2	14.3~19.1 0.2~0.3 约 0.1	96.6 2.2 1.2	宇和岛市海老崎 （混养）
15	幼鰤 条石鲷	4 000 200	2.0~2.5 0.2~0.3	17.8~22.2 约 0.1	95.2 4.8	京都府伊根龟岛 （混养）

* No. 7 为氯纶（聚乙烯）化纤网箱，其他为菱形镀锌铁丝金属网网箱；No. 5 网箱的附锌量为 280 g/m²，其他为 400 g/m²；No. 9 和 No. 11 的防腐采用铝合金阳极的阴极保护方式，No. 11 和 No. 12 为其对照网箱。

** 为养殖结束后鱼体的重量。

1）不同鱼类养殖网箱的附着生物

网箱 No. 1、No. 2 为幼鰤及蓝鳍金枪鱼的养殖网箱，两个网箱在安放 12 个月内，底框均出现了藤壶类，网衣上出现了海藻类污损生物，但没有达到堵塞网眼的程度，其后附着动物增多，24 个月后，如图 8.18 所示，幼鰤网箱达到 50%，蓝鳍金枪鱼网箱的网眼几乎 100% 被堵塞。其原因可推测为：同时期蓝鳍金枪鱼的网箱由于放养密度极小，鱼群游动引起的水流平缓，对金属网的冲击较小，而幼鰤网箱的放养密度为前者的 20 倍以上，鱼类游动引起的水流急速从侧网流出，对海藻类形成冲击。因此水流对金属网冲击可抑制附着生物的着生。

图 8.18　幼鰤及蓝鳍金枪鱼网箱

左：No. 1 为幼鰤养殖网箱，侧网与底框的连接处（安处 12 个月后的网箱外侧）；右：No. 2 为蓝鳍
金枪鱼养殖网箱，中央底框的上半部分为侧网，下半部分为底网（安放 24 个月后的网箱内侧）

红鳍东方鲀养殖网箱安放 1 年后，如图 8.19a 和 b 所示，其幼鱼网箱附着生物量较少，但在 1 年龄以上的成鱼网箱，污损生物的附着量随着时间的推移不断增加，虽然海藻类附着生物被成鱼捕食了，但出现了呈块状着生的多室草苔虫和藤壶类。另外，在幼鱼网箱中，出现了因同类相食而导致尾鳍受伤、出血的个体，但在成鱼网箱中没有出现同类相食现象。

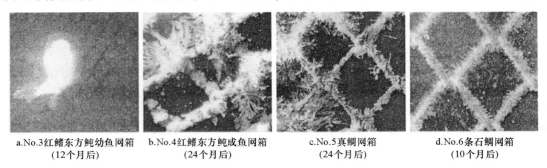

a.No.3红鳍东方鲀幼鱼网箱　　b.No.4红鳍东方鲀成鱼网箱　　c.No.5真鲷网箱　　d.No.6条石鲷网箱
（12个月后）　　　　　　　　（24个月后）　　　　　　（24个月后）　　　　（10个月后）

图 8.19　不同鱼类养殖网箱的附着生物（侧网内）

奄美大岛的真鲷和条石鲷养殖网箱，如图 8.19c 和 d 所示，真鲷网箱中，生物附着量随着时间的推移不断增加。条石鲷网箱中，附着生物被条石鲷捕食，附着量极少。

2）金属网与化纤网

观察化纤网箱 No.7 和金属网箱 No.8 的附着状态，在安放 8 个月后，如图 8.20a 所示，化纤网上出现大量藤壶类，金属网的情况如图 8.20b 所示，正好相反，附着生物数量极少。这或许是因为化纤网表面粗糙，凹凸不平，化学性能稳定，才导致附着生物增多。

阴极保护网箱 No.9 和用于参照的 No.10 在 24 个月后，二者附着量少于距离较近的 No.7 网箱，但是受阴极保护的金属网，如图 8.20c 所示，由于其表面电位恒定，所以附着生物分布均匀，而对照网箱如图 8.20d 所示，则出现了网眼被附着生物堵塞的现象，同时还存在生锈处无附着生物的现象。

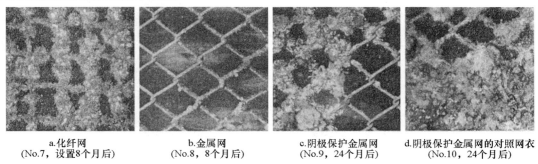

a.化纤网　　　　　b.金属网　　　　　c.阴极保护金属网　　　d.阴极保护金属网的对照网衣
（No.7，设置8个月后）　（No.8，8个月后）　（No.9，24个月后）　（No.10，24个月后）

图 8.20　不同材料网衣污损生物的附着状态（侧网中层）

3）混养效果与养殖鱼类的关系

采取阴极保护处理的混养幼鲕和条石鲷的 No.11 网箱如图 8.21a 所示，其侧网海藻类的附着量，越靠近水面越多。与单养条石鲷的 No.6 网箱情况相同，可观察到海藻类的叶子都被条石鲷捕食，其他的附着生物均被吃掉。在网箱 No.12、No.13 中也存在同样的防污效果。

No.14 网箱同时混养了红鳍东方鲀（成鱼）、真鲷和条石鲷三种鱼类，如图 8.21b 所示，

a. No.11，混养幼鰤和条石鲷
0.5 m处（24个月后）

b. No.14，混养红鳍东方鲀、
真鲷和条石鲷（18个月后）

c. No.15，混养幼鰤和条石鲷
网箱中间层（12个月后）

图 8.21　混养网箱侧网的状态（网箱内部）

其底框外侧附着大量的紫贻贝，条石鲷的混养比率为 1.2%，具有与单养网箱相同的去污效果，没有出现三种鱼类相互残食的现象。表 8.5 为三处养殖场网箱附着生物的统计结果，混养网箱 No.15 位于日本海的伊根养殖场，如图 8.21c 所示，其混养去污效果特别好。上述调查结果表明：条石鲷类可捕食所有附着生物，有较好的去污效果（见插图 7）。

表 8.5　网箱的主要附着生物

养殖区域 调查时间	沼津市西浦海域 1978.11—1982.11	奄美大岛阿室釜 1981.5	京都府伊根 1981.8—1982.12
植物	石莼类 石花菜类 拟鸡毛菜 耳壳藻 日本凋毛藻类 江篱类	石莼类 石花菜类	石莼类 刺松藻 褐舌藻 黑藻 囊叶藻 蠕枝藻 剑叶蜈蚣藻 长枝沙菜
动物	橙矾海绵 面包屑海绵 海葵类 巨大棘穗软珊瑚 多室草苔虫 苔藓虫 血苔虫 多齿围沙蚕 管虫 大红藤壶 红藤壶 纹藤壶 美国藤壶 紫贻贝 皱瘤海鞘	橙矾海绵 蟌形美丽海葵 多室草苔虫 叶虾 企鹅珍珠贝 马氏珠母贝类 皱瘤海鞘	多室草苔虫 大红藤壶 红藤壶 纹藤壶 紫贻贝 长牡蛎 皱瘤海鞘

　　针对条石鲷是否咬食同网箱的混养鱼类，通常认为条石鲷无法追上游动速度更快的幼鰤，健康幼鰤尾鳍被咬伤的现象几乎不会发生，而且一般情况下，条石鲷的放养尾数低于幼

鲕，数量上处于劣势，它们遇到幼鲕鱼群时，会有意避开，转而游向网箱四周，捕食附着生物后再重新避开条石鲷。但如图 8.22 所示，极少情况下也会有受到伤害的幼鲕，图中幼鲕采自 No.13 网箱，条石鲷的混养比率约为 9%，该幼鲕因患病，游速变缓，游向不定，尾鳍出血，脱离了健康鱼群，因而受到了条石鲷类的咬食。因此，需注意即便是健康的幼鲕，若因

图 8.22　尾鳍被咬食的幼鲕（病鱼）

饥饿或者营养不良等造成游动能力下降时，需要时刻关注其安全状况。

关于幼鲕网箱中混养条石鲷的混养效果，如表 8.4 所示，条石鲷的放养密度为 0.1 ~ 0.4 kg/m³，放养比率为 4.8% ~ 9.1%，各网箱中条石鲷的去污效果基本相同。因此，条石鲷的精确放养率很难确定，但从便于分类起捕的角度来考虑，我们初步确定放养密度最高为 0.4 kg/m³，放养比率最低为 5.0%。

同时还观察到一个金属网箱特有的现象：金属网箱不论是否为混合养殖，幼鲕网箱底网的附着生物，仅出现在网线外侧，内侧由于鱼体蹭擦，抑制了附着生物的生长，详见插图 6。

表 8.6 为混养效果的定量调查数据，具体包括混养幼鲕和条石鲷网箱中幼鲕的养殖效果、不同区域附着生物种类、数量及重量的比较等[50]。养殖试验分为 I 期（1987.5.25—9.11）和 II 期（1987.9.12—11.4），两个网箱（3 m×3 m×3 m）中分别混养了幼鲕 100 尾，条石鲷 10 尾（平均体重 860 g）。结果显示：混养网箱中的附着生物均被条石鲷捕食清除，无论是混养区还是对照区，幼鲕在生长状态、成活率、增肉系数等方面均无差异，也证实了条石鲷混养法对于清除附着生物非常有效。关于混养鱼类与附着生物的关系调查中，观察到条石鲷优先捕食藤壶、贻贝、牡蛎类，丝背冠鳞单棘鲀优先捕食苔虫类，同时条石鲷和丝背冠鳞单棘鲀都喜欢捕食海鞘类[51]。

表 8.6　幼鲕与条石鲷混养效果调查数据

项目	试验	I 期（109 天）		II 期（54 天）	
		混养区	对照区	混养区	对照区
饲养成绩	平均鱼体重量 g（开始时）	634	640	1 540	1 513
	平均鱼体重量 g（结束时）	1 540	1 513	1 964	1 933
	存活率（%）	96	94	93.7	95.7
	增肉系数	7.2	7.2	9.8	10.0
附着生物量	总重量（g）	27 000	76 000	54 000	65 000
	单位面积附着量（g/m²）	600.0	1 688.8	1 200.0	1 444.4
	日均附着量（g/d）	247.7	697.2	1 000.0	1 203.7
	日均单位面积附着量 [g/(m²·d)]	5.5	15.4	22.2	26.7
附着生物种类及重量	石莼类（g）	1.7	0.0	17.5	48.2
	多室草苔虫（g）	18.2	82.2	369.4	207.5
	皱瘤海鞘（g）	0.0	526.9	0.9	0.0
	紫贻贝（g）	0.0	7.8	0.0	0.0
	藤壶类（g）	0.8	15.7	0.0	0.0
	其他（g）	13.2	5.7	0.0	3.8
	合计*	33.9	638.3	387.8	259.5

* 数据采集自网箱上、中、下各层 30 cm×30 cm 区域。

在金属网箱的养殖过程中，无需考察混养鱼类因捕食污损生物对网衣造成破损的问题，但对于化纤网网箱养殖，需考虑混养鱼类捕食污损生物对网衣的破损影响，试验结果如表 8.7 所示[52]，试验网箱为养殖真鲷的化纤网箱，里面混养了条石鲷、马面鲀、斑魢三种鱼类，表中列出了三种鱼类的防污效果及对真鲷生长的影响。由表 8.7 可知，从防污效果来看，条石鲷和马面鲀均不错，但是从与真鲷的竞争及对网衣的影响来看，马面鲀是最合适的混养鱼类。接着选定马面鲀为混养鱼类，在 10 m×10 m×6 m、容积为 550 m³（不含侧网正上方 0.5 m 处的部分）的方形网箱中，放置了 5 000 kg（9 kg/m³）的真鲷，分别改变马面鲀的混养量为 30 kg、100 kg、150 kg，以此来考察不同混养量下的防污效果。调查结果显示，100 kg 是最适宜的混养量[52]，该条件下网衣上的污损生物一周内可得到清除，当混养密度达到 0.2 kg/m³ 时，在对饵料投放和真鲷生长方面都不造成影响。

表 8.7　不同混养鱼类的比较

项目	条石鲷	马面鲀	斑魢
防污效果	○	○	×
对网衣的影响	×	△	△
与真鲷的竞争	×	○	△
对真鲷体型的影响	×	△	△
对真鲷体色的影响	△	△	×
综合评价（排名）	3	1	2

注：○表示好；△表示不确定；×表示不好。

参考文献

[1]　内海冨士夫. 船とフジツボ. 東京：日本出版社，1947：5-7.

[2]　前田邦夫. 海洋付着生物のつきにくい粘着シート. 表面，1991，29（12）：1006-1020.

[3]　大島重義. 船底塗料. 東京：修教社，1949：31-38.

[4]　斎藤憲一，浅生昭弘，橋本誠一，大槻裕睦，丹下和仁，勝山一郎. 無公害防汚塗料の防汚効果. 付着生物研究，1990，8（1/2）：9-15.

[5]　広田信義. 海洋生物の付着と防ぐ無害な防汚塗料 "バイオクリン". 配管技術，1988，30（3）：137-142.

[6]　佐伯好隆. 船底防汚技術の現状と今後の展開. 漁船，1990，（289）：484-490.

[7]　尾野真史. 防汚塗料の現状と将来. 表面技術，1996，47（8）：672-676.

[8]　山盛直樹. 防汚技術の現状と今後の展望. 化学工業，1988，49（6）：434-439.

[9]　大槻　忠. 生物体を用いた水・底質の浄化（リビングフィルター）. 港湾技術要報，1982，（21）：21-26.

[10]　広田信義. 養藻塗料. 塗装技術，1994，23（293）：285-288.

[11]　岡田美穂，橋本宏治，片倉徳男，金子文夫. 沿岸付着生物の生息基盤条件と生物相との関連性について. 大成建設技術開発研究所報，1996，（29）：334-344.

[12]　桑　守彦，野村和徳. 鋼材面の防食電流と付着生物着生の関係について. 日本水産学会誌，1988，54（3）：359-364.

[13]　緑書房. マダイ深海養殖. アクアネット，2003，40（7）：42-44.

[14]　Wahl M. Marine epibiosis, I. Fouling and antifouling: Some basic aspects. Mar. Ecol. Prog. Ser., 1989,

58：175-189.

[15] 大庭忠彦，臼井英智，梶山貴弘，岩田聡，桑 守彦．数種金属の腐食と付着生物着生の関係．Sessile Organisms，2001，18（2）：105-112.

[16] Efford K D. The inter-relation of corrosion and fouling for metals in sea water. Mater. Perform. , 1976, 15 （4）：16-25.

[17] 斎藤清美，桑 守彦，北村俊雄，安藤啓二．鋼電極の溶解による海生生物の付着防止．火力原子力発電，1996，47（8）：814-822.

[18] 臼井英智，仲谷伸人，大庭忠彦，桑 守彦．鋼材面の付着生物と腐食量の関係．Sessile Organisms，1998，14（2）：19-24.

[19] Ruim L L, H Xuebao, Z Jincheng. The effect of macro-fouling organisms on steel corrosion and its electro-chemical behavior. Proc. 6 th Int. Cong. Mar. Corr. & Foul. , 1984：443-451.

[20] Southwell C R, J D Bultman, C W Hummer Jr. . Influence of marine organisms on the life of structural steels in seawater. NRL Rep. 7672, Naval Research Laboratory, Washinton DC, 1974, 22pp.

[21] Swant S S, A B Wagh, V P Venugopalan. Corrosion behavior of mild steel in offshore waters of the Arabian Sea. Corr. Prev. Cont. , 1989, 36（2）：44-47.

[22] 中川雅央．電気防食法の実際．東京：地人書館，1972：20-21.

[23] LaQue F L. Marine corrosion causes and prevention. New York：John Wiley & Sons Inc. , 1975：177-180.

[24] Efford K D. The inter-relation of corrosion and fouling for metals in sea water. Mater. Perform. , 1976, 15 （4）：16-25.

[25] 溝口 茂，杉野和夫．各種金属の防汚性能．腐食防食'95 講演集，1995，'95B-112：171-174.

[26] LaQue F L, W F Clapp. Relationships between corrosion and fouling of copper-nickel alloys in sea water. Trans. Electrochem. Soc. , 1945,（87）：103-125.

[27] 石原靖子，辻川茂男．自然海水中ステンレス鋼の自然電位貴化に及ぼす珪藻の影響．材料と環境，1998,（47）：260-268.

[28] 石原靖子，辻川茂男．自然海水中ステンレス鋼の自然電位貴化に及ぼすバクテリアの影響．材料と環境，1999,（48）：520-527.

[29] Dexter S C, G Y Cao. Effect of seawater biofilms on corrosion potential and oxygen reduction of stainless steel. Corrosion, 1988,（44）：717-723.

[30] 鷲頭直樹，升田博之．自然海水中に浸漬したSUS316L 表面における生物皮膜の形成．材料と環境，2000,（49）：362-366.

[31] 大庭忠彦，鈴木利枝，臼井英智，仲谷伸人，桑 守彦，中沢真吉．金属の水酸化物面に対するイガイ類の付着忌避．Sessile Organisms，1999，15（2）：9-14.

[32] 大庭忠彦，臼井英智，梶山貴弘，岩田 聡，桑 守彦．亜鉛電極による海生生物の着生防止．材料と環境，2001,（50）：279-284.

[33] Chamberlain A H, B J Gardner. The influence of iron content on the biofouling resistance of 90/10copper-nickel alloys. Biofouling, 1988,（1）：79-96.

[34] Rosenfeld I L, K Marshakov. Mechanism of crevice orrosion. Corrosion, 1964, 20（4）：115t-125t.

[35] Efford K D, D B Anderson. Sea water corrosion of 90 - 10 and 70 - 30 Cu - Ni；14 years exposed. Mater. Perform. , 1975, 28（3）：71-74.

[36] 前田邦夫，加戸隆介，北沢寧昭．三河湾における各種金属およびプラスチック材料の生物汚損度．Sessile Organisms，2001，18（1）：35-39.

[37] 大庭忠彦，桑 守彦．カソード条件下の純銅板の海洋付着生物の着生抑制．防錆管理，1999，43（4）：26-30.

[38] 大庭忠彦，臼井英智，梶山貴弘，桑 守彦．銅合金金網の防汚と防食．防錆管理，2001，45

　　　　（8）：271-277.

[39] 中川雅央 . 電気防食法の実際 . 東京：地人書館，1972：20.

[40] 桑　守彦，山本郁雄，戸村寿一，野村和徳 . 電気防食した鋼材面の水深別付着生物の着生につ
　　　いて . 日本水産学会誌，1990，56（3）：417-423.

[41] 桑　守彦，山本郁雄，戸村寿一，野村和徳 . 防食電流密度からみた付着基盤の設置方向と付着
　　　生物着生の関係 . Sessile Organisms，2000，16（2）：27-32.

[42] Schiffrin D J，S R De Sanchez. The effect of pollutants and bacterial microfouling on the corrosion of copper
　　　base alloys in seawater. Corrosion，1985，44（19）：31.

[43] 岸川浩史，天谷　尚，幸　英昭 . 海生生物の付着挙動に及ぼす各種材料の影響 . 材料と環境'97
　　　講演集，1997，'97D-310S：371.

[44] 川邊允志 . 海生生物汚損マニュアル . 東京：技報堂出版，1991：118-120.

[45] 玉留克典 . 私信 .

[46] 尾坂滝太郎 . 網清掃ロボット，レバー一本の操作で生簀網をきれいに洗浄 . 養殖，2003，40
　　　（10）：16-17.

[47] ヤンマー株式会社 . 養殖網水中洗浄機（ヤンマー株式会社技術資料）. 2002，2pp.

[48] 桑　守彦 . 金網生簀の腐食防食 . 日本水産学会誌，1983，49（2）：165-175.

[49] 桑　守彦 . 金網生簀のイシダイ類混養法による除去 . 日本水産学会誌，1984，50（10）：
　　　1635-1640.

[50] 花田　博，上村信夫，吉田正勝，金子達朗，常　抗美 . 養殖網の汚れに関する研究-Ⅵ，イシダ
　　　イ混養飼育による生簀網の防汚 . 昭和62年度静岡県栽培漁業センター事業報告，1988：82-83.

[51] 花田　博，町田益己，吉田正勝，深川敦平 . 養殖網の汚れに関する研究-Ⅹ，イシダイ・カワハ
　　　ギ混養飼育による生簀網の防汚 . 平成元年度静岡県栽培漁業センター事業報告，1990：52-54.

[52] 吉浦英男 . ウマズラハギの混養による防汚効果と経済性について . 水産技術と経営，1989，35
　　　（4）：60-66.